CATALOGUS FOSSILIUM AUSTRIAE

Ein systematisches Verzeichnis aller auf österreichischem Gebiet festgestellten Fossilien

In Einzeldarstellungen herausgegeben
von der
Österreichischen Akademie der Wissenschaften
unter Mitarbeit von Fachpaläontologen

Schriftleitung
w. M. o. Prof. Dr. Dr. h. c. **Othmar Kühn** †

Heft V a:
Vermes
von
Walter J. Schmidt

Wien 1969

In Kommission bei Springer-Verlag Wien/New York
Druck: Christoph Reisser's Söhne AG, Wien V, Arbeitergasse 1-7

ISBN-13: 978-3-211-86374-9   e-ISBN-13: 978-3-7091-5824-1
DOI: 10.1007/978-3-7091-5824-1

Vermes

Von Walter J. Schmidt

Inhaltsangabe

Vorwort	2
Übersicht der systematischen Stellung der angeführten Gattungen	3
Stratigraphische Verteilung in Österreich der angeführten Arten und Unterarten	4
Systematik	6
Verzeichnis der angeführten Gattungen, Untergattungen, Arten und Unterarten	43
Verzeichnis der angeführten Fundorte	47
Literaturverzeichnis	53

Vorwort

Fossile Angehörige des Stammes *Vermes* sind aus Österreich nur von der Unterordnung *Serpulimorpha* der Ordnung *Sedentarida* bekannt, wenn man von einigen Lebensspuren absieht, die Angehörigen der Unterordnungen *Drilomorpha*, *Spiomorpha* und *Terebellomorpha* der gleichen Ordnung, zugeschrieben werden.

In allen Fällen handelt es sich um Wohnröhren. Deckel von Wohnröhren sind bisher nicht gefunden worden, obwohl ihre Anwesenheit zumindest in den Tertiärbereichen als wahrscheinlich angenommen werden kann. Auch Gebißteile oder Abdrücke von Weichteilen sind bisher in Österreich nicht gefunden worden.

Die große Mehrzahl der Funde stammt aus den Tertiärbecken, ältere Vorkommen sind nur vereinzelt aus den Alpen bekannt.

Insgesamt sind aus Österreich bisher 71 Arten und Unterarten beschrieben, davon 27 zum erstenmal.

Die im folgenden dargestellte Systematik bedient sich soweit als möglich der zoologischen. Röhrenmerkmale allein erscheinen mitunter in ihrem systematischen Wert fraglich, vor allem für die Zusammenfassung größerer systematischer Einheiten. Eine eventuelle Aufsplitterung von Arten auf Grund geringer und vielleicht lediglich durch lokale Umweltverhältnisse bedingter Unterschiede in der Röhrenausbildung wird in Kauf genommen, die Neuaufstellung größerer Einheiten ohne darüber hinaus gehende Gründe jedoch vermieden.

Für alle angeführten Arten und Unterarten wird das Begründungszitat gebracht (auch wenn es sich dabei nicht um Funde aus Österreich handelt), ebenso die Diagnose (gegebenenfalls durch weitere Angaben ergänzt, insbesondere wenn sie sich nicht ausreichend mit Röhrenmerkmalen befaßt), Locus typicus und Stratum typicum.

Die Synonymie umfaßt nur in Österreich gefundenes Material.

Angaben über Typen von österreichischen Fundorten sind vollständig. Für Typen von Fundorten außerhalb Österreichs konnten nicht in allen Fällen alle Daten geklärt werden. Einige davon sind derzeit nicht auffindbar, ihr Verlust kann aber auch nicht als sicher angenommen werden. Bei anderen, offenbar verlorenen, insbesondere aus den großen alten Sammelwerken, wie LINNAEUS, LAMARCK, GOLDFUSS u. ä., erscheint es ratsam, Neotypen nicht vereinzelt, sondern in Gesamtrevisionen oder mindestens für bekannte Fundpunkte daraus geschlossen aufzustellen.

Die Verbreitung der einzelnen Arten und Unterarten wird für in Österreich gefundenes Material detailliert, für das übrige nur in Übersichtsform gegeben.

Eine Übersicht der systematischen Stellung der angeführten Gattungen sowie der stratigraphischen Verteilung in Österreich der angeführten Arten und Unterarten am Beginn, ein Verzeichnis der angeführten Gattungen, Untergattungen, Arten und Unterarten sowie der Fundorte am Ende der Publikation sollen eine rasche Orientierung ermöglichen.

Übersicht der systematischen Stellung der angeführten Gattungen

Phylum: *Vermes* LAMARCK 1801

Subphylum: *Annelida* LAMARCK 1809

Classis: *Polychaeta* GRUBE 1851

Ordo: *Sedentarida* LAMARCK 1809

Subordo: *Drilomorpha* HEMPELMANN 1934
    Familia: *Arenicolidae* JOHNSTON 1865
        Genus: *Arenicola* LAMARCK 1801

Subordo: *Serpulimorpha* HEMPELMANN 1934
    Familia: *Serpulidae* SAVIGNY 1820
        Subfamilia: *Filograninae* RIOJA 1925
            Genus: *Josephella* CAULLERY & MESNIL 1896
            Genus: *Protula* RISSO 1826
        Subfamilia: *Serpulinae* RIOJA 1925
            Genus: *Ditrupa* BERKELEY 1832
            Genus: *Hydroides* GUNNERUS 1768
            Genus: *Mercierella* FAUVEL 1923
            Genus: *Microtubus* E. FLÜGEL 1964
            Genus: *Placostegus* PHILIPPI 1844
            Genus: *Pomatoceros* PHILIPPI 1844
            Genus: *Pomatostegus* SCHMARDA 1861
            Genus: *Serpula* LINNAEUS 1758
            Genus: *Vermilia* LAMARCK 1818
            Genus: *Vermiliopsis* SAINT-JOSEPH 1894
        Subfamilia: *Spirorbinae* CHAMBERLIN 1919
            Genus: *Rotularia* DEFRANCE 1827
            Genus: *Spirorbis* DAUDIN 1800

Subordo: *Spiomorpha* HEMPELMANN 1934
    Familia: *Spionidae* GRUBE 1851
        Genus: *Polydora* BOSC 1802
        Genus: *Taonurus* FISCHER-OOSTER 1858

Subordo: *Terebellomorpha* HEMPELMANN 1934
    Familia: *Amphictenidae* MALMGREN 1866
        Genus: *Pectinaria* LAMARCK 1801
    Familia: *Terebellidae* GRUBE 1851
        Genus: *Arthrophycus* HALL 1852
        Genus: *Lanice* MALMGREN 1866

Stratigraphische Verteilung in Österreich der angeführten Arten und Unterarten

Höheres Unterkarbon: *Josephella carinthiaca* W. J. SCHMIDT

Rhät: *Microtubus communis* E. FLÜGEL

Lias: *Serpula aff. filaria* GOLDFUSS, *Serpula hierlatzensis* STOLICZKA

Unteres bis Mittleres Bathon: *Serpula flaccida* GOLDFUSS, *Serpula socialis* GOLDFUSS

Dogger ε: *Serpula gordialis* (SCHLOTHEIM)

Oberkreide: *Taonurus* sp.

Senon: *Serpula socialis* GOLDFUSS

Dan: *Spirorbis (Dexiospira) hisingeri* (LUNDGREN), *Spirorbis (Dexiospira) serratus* (NIELSEN), *Spirorbis (Laeospira) sulcatus* (NIELSEN)

Eozän: *Arenicola* sp., *Polydora ciliata* (JOHNSTON), *Protula vincenti* ROVERETO, *Rotularia spirulaea* (LAMARCK), *Serpula gundavaënsis* ARCHIAC, *Serpula hortensis* (OPPENHEIM), *Serpula maeandrica* W. J. SCHMIDT, *Taonurus* sp.

Oberes Untereozän: *Serpula spirographis* GOLDFUSS, *Rotularia pseudospirulaea* (OPPENHEIM)

Untereozän bis Mitteleozän: *Rotularia leptostoma* (GABB)

Mitteleozän bis Obereozän: *Protula extensa* (SOLANDER)

Obereozän: *Rotularia clymenioides* (GUPPY)

Rupel?: *Protula extensa* (SOLANDER), *Protula vincenti* ROVERETO,

Oberoligozän: *Arenicola* sp.

Burdigal: *Ditrupa moldica* W. J. SCHMIDT, *Protula simplex* (LEA)

Helvet: *Arthrophycus* sp., *Polydora ciliata* (JOHNSTON), *Polydora hoplura* CLAPARÈDE, *Protula intestinum grundica* W. J. SCHMIDT

Helvet? Torton: *Serpula discohelix* SEGUENZA, *Serpula trinodosa* W. J. SCHMIDT

Torton: *Arenicola* sp., *Ditrupa cornea* (LINNAEUS), *Ditrupa transsilvanica* MEZNERICS, *Hydroides pectinata* (PHILIPPI), *Josephella angulatella* W. J. SCHMIDT, *Josephella kühni* W. J. SCHMIDT, *Josephella kühni simplicissima* W. J. SCHMIDT, *Mercierella dubiosa* W. J. SCHMIDT, *Mercierella roveretoi* W. J. SCHMIDT, *Placostegus polymorphus* ROVERETO, *Polydora ciliata* (JOHNSTON), *Polydora hoplura* CLAPARÈDE, *Pomatoceros dentatus* W. J. SCHMIDT, *Pomatoceros triqueter* (LINNAEUS), *Pomatostegus comatus* (ROVERETO), *Protula canavarii* ROVERETO, *Protula intestinum* (LAMARCK), *Protula isseli* ROVERETO, *Protula protensa* (LINNAEUS), *Protula protensa tortoniana* (ROVERETO), *Protula simplex* (LEA), *Serpula crispata* REUSS, *Serpula curvata*

W. J. Schmidt, *Serpula discohelix subanfracta* Rovereto, *Serpula fastigiata* Eichwald, *Serpula fuchsii* Rovereto, *Serpula granosa* Reuss, *Serpula lacera* Reuss, *Serpula quinquenodosa* W. J. Schmidt, *Serpula reussi* Rovereto, *Serpula sexta* W. J. Schmidt, *Serpula subpacta* Rovereto, *Serpula traversa* W. J. Schmidt, *Serpula trinodosa* W. J. Schmidt, *Spirorbis (Laeospira) declivis* (Reuss), *Spirorbis (Laeospira) spirorbis* (Linnaeus), *Spirorbis (Laeospira) umbiliciformis* (Goldfuss), *Vermilia manicata* (Reuss), *Vermilia quinquesignata* (Reuss), *Vermilia quinquesignata kienbergi* W. J. Schmidt, *Vermiliopsis elegantula* (Rovereto)

Sarmat: *Hydroides pectinata* (Philippi), *Lanice* sp., *Pectinaria* sp., *Spirorbis (Dexiospira) bilineatus* W. J. Schmidt, *Spirorbis (Dexiospira) commutatus* (Rovereto), *Spirorbis (Dexiospira) heliciformis* (Eichwald), *Spirorbis (Laeospira) spirorbis* (Linnaeus)

Pliozän?: *Hydroides pectinata* (Philippi)

Systematik

Phylum: ***Vermes*** LAMARCK, 1801

Subphylum: ***Annelida*** LAMARCK, 1809

Classis: ***Polychaeta*** GRUBE, 1851

Ordo: ***Sedentarida*** LAMARCK, 1809

Subordo: ***Drilomorpha*** HEMPELMANN, 1934

Familia: ***Arenicolidae*** JOHNSTON, 1865

Genus: ***Arenicola*** LAMARCK, 1801

Arenicola sp.

(1) 1935 (*Arenicola* sp.) O. ABEL 1935, p. 365, Abb. 303a, b.
(2) 1935 (*Arenicolites* sp.) O. ABEL 1935, p. 462, Abb. 388.
(3) 1955 (*Arenicola* sp. ?) W. J. SCHMIDT 1955a, p. 29, Taf. 2, Fig. 1, 2.

Bemerkung: Lebensspuren auf *Arenicola* bezogen, (1, 3a) Exkremente, (2, 3b) Bohrgangausfüllung.

Verbreitung: (1a) Oberoligozän: Melk, NÖ. (häufig); (1b) Eozän: Greifenstein, NÖ. (häufig); (2) Torton: Rauchstallbrunngraben, NÖ. (häufig); (3a) Eozän: Greifenstein, NÖ. (häufig); (3b) Torton: Rauchstallbrunngraben, NÖ. (häufig).

Ähnliche Lebensspuren weltweit in verschiedenen Altersstufen.

Aufbewahrung: (1—3) Paläont. Inst. Univ. Wien.

Subordo: *Serpulimorpha* HEMPELMANN, 1934

Familia: *Serpulidae* SAVIGNY, 1820

Subfamilia: *Filograninae* RIOJA, 1925

Genus: *Josephella* CAULLERY & MESNIL, 1896

Josephella angulatella W. J. SCHMIDT, 1951

(1) * 1951 (*Josephella angulatella* W. J. SCHMIDT) W. J. SCHMIDT 1951a, p. 77—78, Abb. 1.
(2) v 1955 (*Josephella angulatella* W. J. SCHMIDT) W. J. SCHMIDT 1955a, p. 32—33, Taf. 3, Fig. 1.
(3) v 1955 (*Josephella angulatella* W. J. SCHMIDT) W. J. SCHMIDT 1955b, p. 41.
(4) v 1955 (*Josephella angulatella* W. J. SCHMIDT) W. J. SCHMIDT 1955d, p. 99.
(5) v 1968 (*Josephella angulatella* W. J. SCHMIDT) W. J. SCHMIDT 1968, p. 58.

Typus: Holotypus W. J. SCHMIDT 1951a, Abb. 1; Geol.-Paläont. Abt. Naturhist. Mus. Wien, Inv.-Nr. 1859/XLV/625e.

Diagnose: W. J. SCHMIDT 1951a, p. 77 „Eine Art der Gattung *Josephella* CAULLERY & MESNIL, deren Röhre schwach angedeutete Längskanten besitzt".

Locus typicus: Steinabrunn, NÖ.

Stratum typicum: Torton.

Verbreitung: (1—4) Torton: Steinabrunn, NÖ. (selten); (5) Torton: St. Margarethen, Bgld. (mittel).

Außerhalb Österreichs nicht beschrieben.

Aufbewahrung: (1—4) Geol.-Paläont. Abt. Naturhist. Mus. Wien; (5) Paläont. Inst. Univ. Wien.

Josephella carinthiaca W. J. SCHMIDT, 1955

(1) * 1955 (*Josephella ? carinthiaca* W. J. SCHMIDT) W. J. SCHMIDT 1955d, p. 97—99, Abb. 1.
(2) v 1955 (*Josephella ? carinthiaca* W. J. SCHMIDT) W. J. SCHMIDT 1955a, p. 10.

Typus: Holotypus W. J. SCHMIDT 1955d, Abb. 1; Kärntner Landesmus. Klagenfurt, Inv. Nr. 4731.

Diagnose: W. J. SCHMIDT 1955d, p. 97 „Glatte Röhrenoberfläche (vorbehaltlich etwaiger Veränderungen durch die Fossilisation), Außen- und Innenquerschnitt der Röhre rund, äußerer Durchmesser der Röhre um 0,5 mm, Dicke der Röhrenwand um 0,15 mm, keine charakteristischen Krümmungen".

Locus typicus: Torgraben bei Nötsch, Kärnten.

Stratum typicum: Graue Tonschiefer des Höheren Unter-Karbon.

Verbreitung: (1, 2) Höheres Unterkarbon: Torgraben bei Nötsch, Kärnten (häufig).

Außerhalb Österreichs nicht beschrieben.

Aufbewahrung: (1, 2) Kärntner Landesmuseum Klagenfurt und Geol. Inst. Techn. Hochsch. Wien.

Josephella kühni W. J. Schmidt, 1951

(1) * 1951 (*Josephella kühni* W. J. Schmidt) W. J. Schmidt 1951a, p. 78, Abb. 2.
(2) v 1951 (*Josephella prima* W. J. Schmidt) W. J. Schmidt 1951a, p. 77.
(3) v 1955 (*Josephella kühni* W. J. Schmidt) W. J. Schmidt 1955a, p. 33, Taf. 3, Fig. 2.
(4) v 1955 (*Josephella kühni* W. J. Schmidt) W. J. Schmidt 1955b, p. 41.
(5) v 1955 (*Josephella kühni* W. J. Schmidt) W. J. Schmidt 1955d, p. 99.
(6) v 1968 (*Josephella kühni* W. J. Schmidt) W. J. Schmidt 1968, p. 58.

Typus: Holotypus W. J. Schmidt 1951a, Abb. 2; Geol.-Paläont. Abt. Naturhist. Mus. Wien, Inv.-Nr. 1859/XLV/625c.

Diagnose: W. J. Schmidt 1951a, p. 78 „Eine Art der Gattung *Josephella* Caullery & Mesnil, deren Röhre unregelmäßig verteilte, meist eng stehende Querrunzeln besitzt".

Locus typicus: Steinabrunn, NÖ.

Stratum typicum: Torton.

Verbreitung: (1, 2) Torton: Steinabrunn, NÖ. (selten); (3—5) Torton: Grinzing, Wien (selten), Steinabrunn, NÖ. (selten); (6) Torton: Gainfarn, NÖ. (mittel), Kalksburg, NÖ. (mittel), Loretto, Bgld. (mittel), Nußdorf, Wien (mittel), St. Margarethen, Bgld. (häufig).
Außerhalb Österreichs nicht beschrieben.

Aufbewahrung: (1—5) Geol. Paläont. Abt. Naturhist. Mus. Wien; (6) Paläont. Inst. Univ. Wien.

Josephella kühni simplicissima W. J. Schmidt, 1951

(1) * 1951 (*Josephella kühni simplicissima* W. J. Schmidt) W. J. Schmidt 1951a, p. 78—79, Abb. 3.
(2) v 1955 (*Josephella kühni simplicissima* W. J. Schmidt) W. J. Schmidt 1955a, p. 33, Taf. 3, Fig. 3.
(3) v 1955 (*Josephella kühni simplicissima* W. J. Schmidt) W. J. Schmidt 1955b, p. 41.
(4) v 1968 (*Josephella kühni simplicissima* W. J. Schmidt) W. J. Schmidt 1968, p. 58.

Typus: Holotypus W. J. Schmidt 1951a, Abb. 3; Geol.-Paläont. Abt. Naturhist. Mus. Wien, Inv.-Nr. 1859/XLV/625d.

Diagnose: W. J. Schmidt 1951a, p. 78 „Eine Unterart von *Josephella kühni* W. J. Schmidt, bei der die Querrunzeln der Röhre fast völlig zurücktreten".

Locus typicus: Steinabrunn, NÖ.

Stratum typicum: Torton.

Verbreitung: (1) Torton: Steinabrunn, NÖ. (selten); (2, 3) Torton: Grinzing, Wien (selten), Steinabrunn, NÖ. (selten); (4) Torton: Gainfarn, NÖ. (mittel), Kalksburg, NÖ. (mittel), Loretto, Bgld. (mittel), Nußdorf, Wien (mittel), St. Margarethen, Bgld. (mittel).
Außerhalb Österreichs nicht beschrieben.

Aufbewahrung: (1—3) Geol.-Paläont. Abt. Naturhist. Mus. Wien; (4) Paläont. Inst. Univ. Wien.

Genus: ***Protula*** RISSO, 1826

Protula canavarii ROVERETO, 1898

(1) v 1895 (*Protula intestinum* [LAMARCK]) G. ROVERETO 1895, p. 152, Taf. 9, Fig. 4.
(2) * 1898 (*Protula canavarii* ROVERETO) G. ROVERETO 1898, p. 84, Taf. 7, Fig. 4, 4a.
(3) v 1955 (*Protula canavarii* ROVERETO) W. J. SCHMIDT 1955a, p. 34, Taf. 3, Fig. 4, 5.
(4) v *1955* (*Protula canavarii* ROVERETO) W. J. SCHMIDT 1955b, p. 42, 43.
(5) v 1968 (*Protula canavarii* ROVERETO) W. J. SCHMIDT 1968, p. 59.

Typus: Holotypus G. ROVERETO 1895, Taf. 9, Fig. 4; Geol.-Paläont. Abt. Naturhist. Mus. Wien, Inv.-Nr. 385/1960.

Diagnose: G. ROVERETO 1898, p. 84 „Tubus solidus, elongatus, sublaevigatus, in parte postrema repente?, antice erectus undato-tortus; lunghezza cm. +8, largh. mm. 4".

Locus typicus: Petronell, NÖ.

Stratum typicum: Torton.

Verbreitung: (1, 2) Torton: Petronell, NÖ. (selten); (3, 4) Torton: Grinzing, Wien (selten), Möllersdorf, NÖ. (mittel), Perchtoldsdorf, NÖ. (mittel), Petronell, NÖ. (selten), Steinabrunn, NÖ. (mittel); (5) Torton: Brunn an der Schneebergbahn, NÖ. (mittel).

Außerhalb Österreichs: Pliozän (Italien); Pleistozän (Italien).

Aufbewahrung: (1—4) Geol.-Paläont. Abt. Naturhist. Mus. Wien; (5) Paläont. Inst. Univ. Wien.

Protula extensa (SOLANDER), 1766

(1) * 1766 (*Serpula extensa* SOLANDER) G. BRANDER 1766, p. 6, Fig. 12.
(2) v 1955 (*Protula extensa* [BRANDER]) W. J. SCHMIDT 1955a, p. 34—36, Taf. 3, Fig. 6—8.
(3) v *1955* (*Protula extensa* [BRANDER]) W. J. SCHMIDT 1955b, p. 42.
(4) v 1968 (*Protula extensa* [BRANDER]) W. J. SCHMIDT 1968, p. 58.

Typus: Holotypus G. BRANDER 1766, Fig. 12; Aufbewahrung unbekannt (nicht Brit. Mus. Natur. Hist. London).

Diagnose: Fehlt bei G. BRANDER 1766; G. ROVERETO 1898, p. 85 für Synonym *Protula crassa* (non SOWERBY) (BELLARDI) „Tubo diritto, levigato, lunghezza cm. 10, larghezza diam. all'orifizio boccale mm. 5, spessore delle pareti mm $^2/_3$".

Locus typicus: Hordwell, Hampshire, England.

Stratum typicum: Bläulicher Mergelton des Eozän.

Verbreitung: (2, 3) Mitteleozän: Haidhof, NÖ. (selten), Mattsee, Sbg. (selten); Mitteleozän bis Obereozän: Kleinkogel, Stmk. (selten); Rupel?: Haselstauden bei Dornbirn, Vlbg. (selten).

Außerhalb Österreichs: Eozän (Belgien); Lutet (Frankreich); Auvers (England); Barton (Ägypten, England).

Aufbewahrung: (2, 3) Geol.-Paläont. Abt. Naturhist. Mus. Wien; (4) Vorarlbg. Naturschau Dornbirn.

Protula intestinum (LAMARCK), 1818

(1) * 1818 (*Serpula intestinum* LAMARCK) J. B. LAMARCK 1818, p. 363.
(2) v 1955 (*Protula intestinum* [LAMARCK]) W. J. SCHMIDT 1955a, p. 36—37, Taf. 3, Fig. 9.
(3) v 1955 (*Protula intestinum* [LAMARCK]) W. J. SCHMIDT 1955b, p. 43.

Typus: Holotypus J. B. LAMARCK 1818, p. 363; Aufbewahrung unbekannt (nicht Mus. Hist. Nat. Genève, Mus. Hist. Nat. Paris).

Diagnose: J. B. LAMARCK 1818, p. 363 „Testa tereti, longa, undato-torta, laeviuscula, modo serpente, modo ascendente" P. FAUVEL 1927, p. 383 „Grand tube blanc cylindrique (25 cm sur 12 mm) lisse, à stries d'accroissement peu marquées, fixé à la base et souvent dressé".

Locus typicus: Europäische Meere.

Stratum typicum: Rezent marin.

Verbreitung: (2, 3) Torton: Grinzing, Wien (selten), Maria Enzersdorf, NÖ· (selten), Piesting, NÖ. (selten).
Außerhalb Österreichs: Pliozän, Pleistozän (Italien); Rezent (europäische Meere).

Aufbewahrung: (2, 3) Geol.-Paläont. Abt. Naturhist. Mus. Wien.

Protula intestinum grundica W. J. SCHMIDT, 1955

(1) * 1955 (*Protula intestinum grundica* W. J. SCHMIDT) W. J. SCHMIDT 1955a, p. 37, Taf. 3, Fig. 10.
(2) v 1955 (*Protula intestinum grundica* W. J. SCHMIDT) W. J. SCHMIDT 1955b, p. 40.

Typus: Holotypus W. J. SCHMIDT 1955a, Taf. 3, Fig. 10; Geol.-Paläont. Abt. Naturhist. Mus. Wien.

Diagnose: W. J. SCHMIDT 1955a, p. 37 „Eine Unterart von *Protula intestinum* (LAMARCK) mit stärker ausgebildeten Querrunzeln".

Locus typicus: Grund, NÖ.

Stratum typicum: Helvet.

Verbreitung: (1, 2) Helvet: Grund, NÖ. (selten).
Außerhalb Österreichs nicht beschrieben.

Aufbewahrung: (1, 2) Geol.-Paläont. Abt. Naturhist. Mus. Wien.

Protula isseli ROVERETO, 1898

(1) * 1898 (*Protula isseli* ROVERETO) G. ROVERETO 1898, p. 84, Taf. 7, Fig. 5, 5a—c.
(2) v 1955 (*Protula isseli* ROVERETO) W. J. SCHMIDT 1955a, p. 37—38, Taf. 3, Fig. 11, 12.
(3) v 1955 (*Protula isseli* ROVERETO) W. J. SCHMIDT 1955b, p. 42, 43.
(4) v 1968 (*Protula isseli* ROVERETO) W. J. SCHMIDT 1968, p. 59.

Typus: Lectotypus G. ROVERETO 1898, Taf. 7, Fig. 5 nach W. J. SCHMIDT 1955a, Taf. 3, Fig. 11; Ist. Geol. Univ. Torino, ohne Inv.-Nr.

Diagnose: G. ROVERETO 1898, p. 84 „Tubus solitarius, solidus, corneo-calcareus, laevigatus et inornatus; in parte postrema affixus?, in antica liberus, erectus, flexuosus laeviter. Color pallido-corneus; lunghez. +12 cm., diam. $1^{1}/_{2}$ mm".

Locus typicus: Ficarazzi bei Palermo, Italien.

Stratum typicum: Sicil.

Verbreitung: (2, 3) Torton: Mühldorf im Lavanttal, Kärnten (selten), Rauchstallbrunngraben, NÖ. (mittel); (4) Torton: Brunn an der Schneebergbahn, NÖ. (mittel).

Außerhalb Österreichs: Astiano, Pliozän (Italien).

Aufbewahrung: (2, 3) Geol.-Paläont. Abt. Naturhist. Mus. Wien; (4) Paläont. Inst. Univ. Wien.

Protula Protensa (LINNAEUS), 1790

(1) * 1790 (*Serpula protensa* LINNAEUS) C. LINNAEUS 1790, p. 3744.
(2) v 1895 (*Protula tubularia* MONTFORT) G. ROVERETO 1895, p. 153, Taf. 9, Fig. 2.
(3) v *1898* (*Protula firma* [SEGUENZA]) G. ROVERETO 1898, p. 83.
(4) v 1951 (*Protula protensa* [LINNAEUS]) W. J. SCHMIDT 1951b, p. 378, Abb. 11, 12.
(5) v 1955 (*Protula protensa* [LINNAEUS]) W. J. SCHMIDT 1955a, p. 38—39, Taf. 3, Fig. 13—15.
(6) v *1955* (*Protula protensa* [LINNAEUS]) W. J. SCHMIDT 1955b, p. 42, 43.
(7) v *1968* (*Protula protensa* [LINNAEUS]) W. J. SCHMIDT 1968, p. 59.

Typus: Holotypus C. LINNAEUS 1790, p. 3744; Aufbewahrung unbekannt (nicht Brit. Mus. Nat. Hist. London, Coll. Linnean Soc. London, Mus. Ludovicae Ulricae Univ. Uppsala).

Diagnose: C. LINNAEUS 1790, p. 3744 „Testa nitida laeviuscula annulatim plicata finem versus parum attenuata".

Locus typicus: Indischer Ozean.

Stratum typicum: Rezent.

Verbreitung: (2—4) Torton: Grinzing, Wien (häufig); (5, 6) Torton: Enzesfeld, NÖ. (mittel), Gainfarn, NÖ. (mittel), Grinzing, Wien (häufig), Pfaffstätten, NÖ. (mittel); (7) Torton: Kalksburg, NÖ. (selten), Nußdorf, Wien (selten).

Außerhalb Österreichs: Pliozän (Cypern, Italien); Rezent (Indischer Ozean, Mittelamerikanische Küsten).

Aufbewahrung: (2—6) Geol.-Paläont. Abt. Naturhist. Mus. Wien; (7) Paläont. Inst. Univ. Wien.

Protula protensa tortoniana (ROVERETO), 1898

(1) . *1848* (*Serpula protensa* LINNAEUS) M. HÖRNES 1848, p. 30.
(2) . *1870* (*Serpula protensa* LINNAEUS) D. STUR 1870, p. 336.
(3) v (*Protula tubularia* MONTFORT) G. ROVERETO 1895, p. 153, Taf. 9, Fig. 1, 10.
(4) * *1898* (*Protula firma tortoniana* ROVERETO) G. ROVERETO 1898, p. 84.
(5) v *1904* (*Protula firma tortoniana* ROVERETO) G. ROVERETO 1904, p. 44.
(6) v 1955 (*Protula protensa tortoniana* [ROVERETO]) W. J. SCHMIDT 1955a, p. 39—40, Taf. 3, Fig. 16, 17.
(7) v 1955 (*Protula protensa tortoniana* [ROVERETO]) W. J. SCHMIDT 1955b, p. 41.

Typus: Lectotypus G. ROVERETO 1895, Taf. 9, Fig. 1 nach G. ROVERETO 1898, p. 84; Geol.-Paläont. Abt. Naturhist. Mus. Wien, Inv.-Nr. 382/1960.

Diagnose: G. ROVERETO 1898, p. 84 „Le forme tortoniane che io ho visto del bacino de Vienna e d'Italia, rappresentano una varietà che raggiunge il massimo nell'ispressimento delle pareti ed è sempre in frammenti corti, ondulati, che denomino var. *tortoniana*".

Locus typicus: Grinzing, Wien.
Stratum typicum: Tegel des Torton.
Verbreitung: (1—5) Torton: Grinzing, Wien (häufig), Perchtoldsdorf, NÖ. (häufig); (6, 7) Torton: Enzesfeld, NÖ. (häufig), Gainfarn, NÖ. (häufig), Grinzing, Wien (häufig), Immendorf bei Hollabrunn, NÖ. (selten), Möllersdorf, NÖ. (häufig), Perchtoldsdorf, NÖ. (häufig).
Außerhalb Österreichs: Torton (Italien, Ungarn).
Aufbewahrung: (1—7) Geol.-Paläont. Abt. Naturhist. Mus. Wien.

Protula simplex (LEA), 1833

(1) * 1833 (*Teredo simplex* LEA) I. LEA 1833, p. 38, Taf. 1, Fig. 6.
(2) v 1955 (*Protula simplex* [LEA]) W. J. SCHMIDT 1955a, p. 40, Taf. 3, Fig. 18, 19.
(3) v *1955* (*Protula simplex* [LEA]) W. J. SCHMIDT 1955b, p. 43.

Typus: Holotypus I. LEA 1833, Taf. 1, Fig. 6; Acad. Nat. Sciences Philadelphia, Cat. Nr. ANSP 5019.

Diagnose: I. LEA 1833, p. 38 „Shell thick, slightly curved, smooth exteriorly, tapering"; A. QUATREFAGES 1865, p. 472 „Tubus ondulatus, laevis, transverse striis minutis notatus".

Locus typicus: Claiborne, Alabama, USA.
Stratum typicum: Eozän.
Verbreitung: (2, 3) Burdigal: Reinprechtspölla, NÖ. (selten); Torton: Möllersdorf, NÖ. (selten).
Außerhalb Österreichs: Eozän (USA); Torton (Tschechoslowakei); Rezent (Atlantik).
Aufbewahrung: (2, 3) Geol.-Paläont. Abt. Naturhist. Mus. Wien.

Protula vincenti ROVERETO, 1904

(1) * 1904 (*Protula vincenti* ROVERETO) G. ROVERETO 1904, p. 48, Taf. 4, Fig. 23a—h.
(2) . 1918 (*Serpula* sp.) F. TRAUTH 1918, p. 266, Taf. 5, Fig. 10.
(3) v 1955 (*Protula vincenti* ROVERETO) W. J. SCHMIDT 1955a, p. 40—41, Taf. 3, Fig. 20—24.
(4) v *1955* (*Protula vincenti* ROVERETO) W. J. SCHMIDT 1955b, p. 42.
(5) v 1968 (*Protula vincenti* ROVERETO) W. J. SCHMIDT 1968, p. 59.

Typus: Lectotypus G. ROVERETO 1904, Taf. 4, Fig. 23h nach W. J. SCHMIDT 1955a, Taf. 3, Fig. 20; verloren; neuer Lectotypus G. ROVERETO 1904, Taf. 4, Fig. 23b; Inst. Sciences Nat. Bruxelles, Cat. Typ. Invert. Tert. Nr. 5112.

Locus typicus: Neder-over-Heembeek près Bruxelles, Belgien.
Stratum typicum: Sande von Wemmel, Bartonien.
Verbreitung: (2) Eozän: Radstadt, Sbg. (selten); (3, 4) Untereozän bis Mitteleozän: Dobranberg bei Klein Sankt Paul, Kärnten (selten); Mitteleozän: Radstadt, Sbg. (selten); (5) Mitteleozän: Elendgraben bei Großgmain, Sbg. (selten), Bohrung Bad Hall Kern 820—825 m, OÖ. (selten); Rupel?: Schwarzachtobel bei Schwarzach, Vlbg. (selten).
Außerhalb Österreichs: Barton (Belgien); Léd (Belgien).
Aufbewahrung: (2) verloren; (3, 4) Geol.-Paläont. Abt. Naturhist. Mus. Wien; (5a) Paläont. Inst. Univ. Wien; (5b) Rohölgewinnungs-A.G. Wien; (5c) Vorarlbg. Naturschau Dornbirn.

Subfamilia: *Serpulinae* RIOJA, 1925
Genus: *Ditrupa* BERKELEY, 1832

Ditrupa cornea (LINNAEUS), 1767

(1) * 1767 (*Dentalium corneum* LINNAEUS) C. LINNAEUS 1767, p. 1263.
(2) . 1837 (*Dentalium incurvum* RENIER) J. HAUER 1837, p. 422.
(3) . 1848 (*Dentalium incurvum* RENIER) M. HÖRNES 1848, p. 25.
(4) . 1856 (*Dentalium incurvum* RENIER) M. HÖRNES 1856, p. 659, Taf. 50, Fig. 39a, b.
(5) . *1898* (*Ditrupa cornea* [LINNAEUS]) G. ROVERETO 1898, p. 72.
(6) . *1904* (*Ditrupa cornea* [LINNAEUS]) G. ROVERETO 1904, p. 29.
(7) . *1944* (*Ditrupa cornea* [LINNAEUS]) I. MEZNERICS 1944, p. 44—45.
(8) v *1955* (*Ditrupa cornea* [LINNAEUS]) W. J. SCHMIDT 1955a, p. 42—45, Taf. 4, Fig. 1—7.
(9) v *1955* (*Ditrupa cornea* [LINNAEUS]) W. J. SCHMIDT 1955b, p. 43.
(10) v 1968 (*Ditrupa cornea* [LINNAEUS]) W. J. SCHMIDT 1968, p. 59.

Typus: Holotypus C. LINNAEUS 1767, p. 1263; Aufbewahrung unbekannt, vielleicht Coll. Linnean Soc. London (nicht Mus. Ludovicae Ulricae Univ. Uppsala).

Diagnose: C. LINNAEUS 1767, p. 1263 „Testa tereti subarcuata interrupta opaca. Habitat in O-Africano. Testa simillima *D. Entali*, sed corneu colore obscura (saepius interrupta)".

Locus typicus: Ostafrikanischer Ozean.

Stratum typicum: Rezent.

Verbreitung: (2) Torton: Sievering, Wien (mittel); (3—6) Torton: Baden, NÖ. (häufig), Nußdorf, Wien (selten), Steinabrunn, NÖ. (häufig); (7) Torton: Wiener Becken (häufig); (8, 9) Torton: Baden, NÖ. (häufig), Enzesfeld, NÖ. (mittel), Gainfarn, NÖ. (häufig), Grinzing, Wien (mittel), Hleunigmühle im Lavanttal, Kärnten (häufig), Hornstein, Bgld. (mittel), Kalksburg, NÖ. (mittel), Möllersdorf, NÖ. (mittel), Mühldorf im Lavanttal, Kärnten (mittel), Nußdorf, Wien (häufig), Steinabrunn, NÖ. (mittel); (10) Torton: Brunn an der Schneebergbahn, NÖ. (häufig), Kreuzschaller bei Preding, Stmk. (häufig), Oslip, Bgld. (mittel), St. Margarethen, Bgld. (häufig).

Außerhalb Österreichs: Tertiär (Belgien, Polen, Griechenland); Eozän (Holland); Untereozän (Belgien, England); Lutet (Frankreich); Wemmel (Belgien); Tongres (Italien); Helvet (Frankreich, Italien, Ungarn); Torton (Tschechoslowakei, Ungarn); Pliozän (Italien); Pleistozän (Italien); Rezent (Atlantik, Mittelmeer, Nordsee).

Aufbewahrung: (2—6) Geol.-Paläont. Abt. Naturhist. Mus. Wien und Geol. Bundesanst. Wien; (7) Geol.-Paläont. Abt. Hist. Nat. Mus. Budapest; (8, 9, 10a, c, d) Geol.-Paläont. Abt. Naturhist. Mus. Wien; (10b) Steir. Landesmus. Joanneum Graz.

Ditrupa moldica W. J. SCHMIDT, 1955

(1) * 1955 (*Ditrupa moldica* W. J. SCHMIDT) W. J. SCHMIDT 1955a, p. 45, Taf. 4, Fig. 15 bis 18.
(2) v *1955* (*Ditrupa moldica* W. J. SCHMIDT) W. J. SCHMIDT 1955b, p. 40.
(3) v 1968 (*Ditrupa moldica* W. J. SCHMIDT) W. J. SCHMIDT 1968, p. 59.

Typus: Holotypus W. J. SCHMIDT 1955a, Taf. 4, Fig. 15; Geol.-Paläont. Abt. Naturhist. Mus. Wien, Inv.-Nr. 381/1960.

Diagnose: W. J. Schmidt 1955a, p. 45 „Eine Art der Gattung *Ditrupa* Berkeley, deren Röhre grobe, unregelmäßig verteilte Einschnürungen und flache seitliche Eindellungen aufweist".

Locus typicus: Eichberg bei Mold, NÖ.

Stratum typicum: Burdigal.

Verbreitung: (1, 2) Burdigal: Eichberg bei Mold, NÖ. (selten); (3) Burdigal: Fels am Wagram, NÖ. (häufig).

Außerhalb Österreichs nicht beschrieben.

Aufbewahrung: (1, 2) Geol.-Paläont. Abt. Naturhist. Mus. Wien; (3) Paläont. Inst. Univ. Wien.

Ditrupa transsilvanica Meznerics, 1944

(1) * 1944 (*Ditrupa transsilvanica* Meznerics) I. Meznerics 1944, p. 45, Taf. 2, Fig. 8.
(2) v 1955 (*Ditrupa transsilvanica* Meznerics) W. J. Schmidt 1955a, p. 45—46, Taf. 4, Fig. 8—14.
(3) v 1955 (*Ditrupa transsilvanica* Meznerics) W. J. Schmidt 1955b, p. 41.
(4) v 1968 (*Ditrupa transsilvanica* Meznerics) W. J. Schmidt 1968, p. 59.

Typus: Holotypus I. Meznerics 1944, Taf. 2, Fig. 8; Geol.-Paläont. Abt. Hist. Nat. Mus. Budapest, Inv.-Nr. M. 60/399.

Diagnose: I. Meznerics 1944, p. 45 „Zylindrische, schlanke Wurmschale, dünnwandig, schwach gekrümmt, an beiden Seiten offen, gegen die Schalenöffnung sehr schwach, aber gleichmäßig konisch verbreitert und bei der Öffnung selbst plötzlich verengt. Oberfläche glatt, ohne sichtbare Querstreifung, außen von einer dunkel gefärbten Conchiolin-Schicht bedeckt. Die diagonale Streifung ist in Dünnschliffen der Schale auch bei der neuen Art gut zu sehen, doch schließt sie mit der Längsachse der Schale einen kleineren Winkel (als *D. cornea*) ein, so daß sie fast parallel zu ihr verläuft."

Locus typicus: Lapugy, Rumänien.

Stratum typicum: Torton.

Verbreitung: (2, 3) Torton: Hleunigmühle im Lavanttal, Kärnten (selten), Möllersdorf, NÖ. (mittel), Nußdorf, Wien (selten), Steinabrunn, NÖ. (selten); (4) Torton: Kreuzschnaller bei Preding, Stmk. (selten), St. Margarethen, Bgld. (selten).

Außerhalb Österreichs: Torton (Rumänien, Ungarn).

Aufbewahrung: (2, 3) Geol.-Paläont. Abt. Naturhist. Mus. Wien; (4a) Steir. Landesmus. Joanneum Graz; (4b) Paläont. Inst. Univ. Wien.

Genus: *Hydroides* Gunnerus, 1768

Hydroides pectinata (Philippi), 1844

(1) * 1844 (*Eupomatus pectinatus* Philippi) R. A. Philippi 1844, p. 195, Taf. 6, Fig. R.
(2) . 1868 (*Serpula* sp.) T. Fuchs 1868, p. 281, 283.
(3) . 1878 (*Serpula* sp.) F. Toula 1878, p. 299, 300.
(4) v 1895 (*Protula intestinum* Lamarck) G. Rovereto 1895, p. 152, Taf. 9, Fig. 12.
(5) v 1904 (*Serpula gregalis* Eichwald) G. Rovereto 1904, p. 14.
(6) . 1922 (*Serpulit*) F. X. Schaffer 1922, p. 455, Abb. 466.
(7) v 1954 (*Hydroides pectinata* [Philippi]) W. J. Schmidt 1954a, p. 259—263, Abb. 1, 2.

(8) v 1955 (*Hydroides pectinata* [PHILIPPI]) W. J. SCHMIDT 1955a, p. 46—48, Taf. 4, Fig. 19—22.
(9) v 1960 (*Hydroides pectinata* [PHILIPPI]) O. KÜHN & H. SCHAFFER 1960, p. 78.
(10) v 1968 (*Hydroides pectinata* [PHILIPPI]) W. J. SCHMIDT 1968, p. 60.

Typus: Holotypus R. A. PHILIPPI 1844, Taf. 6, Fig. R (ohne Röhre); Aufbewahrung unbekannt.

Diagnose: R. A. PHILIPPI 1844, p. 195 „Testa tereti, transversim rugosa, lineisque longotudinalibus obsoletis; diam. $^3/_4''$."

Locus typicus: Mittelmeer.

Stratum typicum: Rezent.

Verbreitung: (2) Sarmat: Deutsch-Altenburg, NÖ. (häufig), Wolfsthal, NÖ. (häufig); (3) Sarmat: Pfaffenberg, NÖ. (häufig), Spitzerberg, NÖ. (häufig); (4, 5) Sarmat: Petronell, NÖ. (häufig); (6) Sarmat: Wiener Becken (häufig); (7) Pliozän?: Grieskirchen, OÖ. (mittel); (8) Torton: Enzesfeld, NÖ. (häufig), Gainfarn, NÖ. (häufig), Grinzing, Wien (häufig), Hollingsteinerberg bei Niederfellabrunn, NÖ. (häufig), Mattner-Sandgrube bei Klein Hadersdorf, NÖ. (mittel), Loretto, Bgld. (häufig), Mannersdorf, NÖ. (häufig), Matzen, NÖ. (häufig), Mühldorf im Lavanttal, Kärnten (häufig), Petronell, NÖ. (häufig), Rauchstallbrunngraben, NÖ. (häufig), Sankt Anna, Stmk. (häufig), St. Georgen an der Preßnitz, Kärnten (mittel), Spielfeld, Stmk. (mittel), Walbersdorf, Bgld. (mittel); Sarmat: Bruck an der Leitha, NÖ. (mittel), Deutsch-Altenburg, NÖ. (häufig), Jungfernsprung bei Feistritz, Stmk. (mittel), Hartberg, Stmk. (häufig), Hornstein, Bgld. (häufig), Loretto, Bgld. (häufig); (9) Sarmat: Hernals, Wien (mittel); (10) Torton: Klapping bei St. Anna, Stmk. (mittel).

Außerhalb Österreichs: Tertiär (Tschechoslowakei); Pliozän (Italien); Rezent (Mittelmeer).

Aufbewahrung: (2, 3) verloren; (4—6, 8) Geol.-Paläont. Abt. Naturhist. Mus. Wien; (7) Oberösterr. Landesmus. Linz an der Donau; (9) Paläont. Inst. Univ. Wien; (10) Geol. Inst. Techn. Hochsch. Graz.

Genus: **Mercierella** FAUVEL, 1923

Mercierella dubiosa W. J. SCHMIDT, 1951

(1) * 1951 (*Mercierella? dubiosa* W. J. SCHMIDT) W. J. SCHMIDT 1951a, p. 79—80, Abb. 4.
(2) v 1955 (*Mercierella? dubiosa* W. J. SCHMIDT) W. J. SCHMIDT 1955a, p. 48—49, Taf. 5, Fig. 1.
(3) v *1955* (*Mercierella? dubiosa* W. J. SCHMIDT) W. J. SCHMIDT 1955b, p. 41.
(4) v *1966* (*Mercierella? dubiosa* W. J. SCHMIDT) O. DRAGASTAN 1966, p. 149.
(5) v *1967* (*Mercierella? dubiosa* W. J. SCHMIDT) G. HARTMANN-SCHRÖDER 1967, p. 452.
(6) v 1968 (*Mercierella dubiosa* W. J. SCHMIDT) W. J. SCHMIDT 1968, p. 60.

Typus: Holotypus W. J. SCHMIDT 1951a, Abb. 4; Geol.-Paläont. Abt. Naturhist. Mus. Wien, Inv.-Nr. 1859/XLV/624a.

Diagnose: W. J. SCHMIDT 1951a, p. 79 „Die trompetenartigen Röhrenverdickungen finden sich in unregelmäßigen Abständen und sind nicht immer eindeutig von normalen Querwülsten zu unterscheiden. Wo sie deutlicher entwickelt sind, erheben sie sich an einer Seite mit einem schwachen Übergang, an der anderen Seite zeigt sich der Ansatz der Röhrenfortsetzung. Der äußere Röhrendurchmesser beträgt $^3/_4$ mm. Das Ausmaß der trompetenartigen Verdickungen überschreitet $^1/_5$ des normalen äußeren Röhrendurchmessers nicht."

Locus typicus: Kienberg, NÖ.

Stratum typicum: Torton.

Verbreitung: (1—5) Torton: Kienberg, NÖ. (selten); (6) Torton: Loretto, Bgld. (selten), Mannersdorf, NÖ. (selten), Oslip, Bgld. (selten), St. Margarethen, Bgld. (selten).

Außerhalb Österreichs nicht beschrieben.

Aufbewahrung: (1—5) Geol.-Paläont. Abt. Naturhist. Mus. Wien; (6) Paläont. Inst. Univ. Wien.

Mercierella roveretoi W. J. SCHMIDT, 1951

(1) * 1951 (*Mercierella roveretoi* W. J. SCHMIDT) W. J. SCHMIDT 1951a, p. 80, Abb. 5.
(2) v 1955 (*Mercierella roveretoi* W. J. SCHMIDT) W. J. SCHMIDT 1955a, p. 49, Taf. 5, Fig. 2.
(3) v 1955 (*Mercierella roveretoi* W. J. SCHMIDT) W. J. SCHMIDT 1955b, p. 41.
(4) v 1966 (*Mercierella roveretoi* W. J. SCHMIDT) O. DRAGASTAN 1966, p. 149.
(5) v 1967 (*Mercierella roveretoi* W. J. SCHMIDT) G. HARTMANN-SCHRÖDER 1967, p. 452.

Typus: Holotypus W. J. SCHMIDT 1951a, Abb. 5; Geol.-Paläont. Abt. Naturhist. Mus. Wien, Inv.-Nr. 1859/XLV/624b.

Diagnose: W. J. SCHMIDT 1951a, p. 80 „Eine Art der Gattung *Mercierella* FAUVEL mit sehr schwach ausgebildeten normalen Querwülsten und undeutlichen, nicht durchlaufend sichtbaren Längskanten."

Locus typicus: Kienberg, NÖ.

Stratum typicum: Torton.

Verbreitung: (1—5) Torton: Kienberg, NÖ. (selten).

Außerhalb Österreichs nicht beschrieben.

Aufbewahrung: (1—5) Geol.-Paläont. Abt. Naturhist. Mus. Wien.

Genus: *Microtubus* E. FLÜGEL, 1964

(1) * 1964 (*Microtubus* E. FLÜGEL) E. FLÜGEL 1964, p. 75.

Generotypus: E. FLÜGEL 1964, p. 75 *Microtubus communis* E. FLÜGEL.

Diagnose: E. FLÜGEL 1964, p. 75 „Kleine, immer isolierte, gerade oder verschieden stark gebogene, bis sigmoidal gekrümmte zylindrische Röhrchen mit dünnen, strukturlosen Wänden. Eine Innenstruktur scheint zu fehlen. Die in einzelnen Längsschnitten sichtbaren Querelemente dürften eine Segmentierung andeuten. Die Tangential- und Querschnitte besitzen kreisförmige bis ovale Umrisse. Ein Ende der Röhren ist meist von feinkörnigem Sediment umhüllt und daher nicht erkennbar. Durchmesser der Röhren zwischen 0,05 und 0,20 mm, meist bei 0,10 mm. Größte beobachtete Länge der Röhren 2 mm. Dicke der Wände 0,02—0,04 mm."

Verbreitung: Rhätische Riffkalke der Nord- und Südalpen (Deutschland, Italien, Österreich), Obertrias von Hydra und Kreta (Griechenland), Mittelitalien?.

Bemerkung: Die systematische Einordnung erfolgt unter Vorbehalt (E. FLÜGEL 1964, p. 81).

Microtubus communis E. FLÜGEL, 1964

(1) . *1959 (Phylum Vermes Form D)* H. R. OHLEN 1959, p. 70.
(2) v *1960 (Problematikum 1)* E. FLÜGEL 1960, p. 250.
(3) v *1961 (Problematikum 1)* E. FLÜGEL 1961, p. 34.
(4) v *1963 (Microtubus communis* E. FLÜGEL) E. FLÜGEL & E. FLÜGEL-KAHLER 1963, p. 15, 17, 27, 32, 34, 37, 38, 56, 60, 74, 99, 102.
(5) * *1964 (Microtubus communis* E. FLÜGEL) E. FLÜGEL 1964, p. 75—81, 85, Taf. 8, Fig. 1—5.

Typus: Holotypus E. FLÜGEL 1964, Taf. 8, Fig. 1; Geol.-Paläont. Abt. Naturhist. Mus. Wien, Inv.-Nr. 1961/407/1.

Diagnose: E. FLÜGEL 1964, p. 76 „Kleine, gerade, gebogene oder sigmoidal gekrümmte Röhrchen. Meist als isolierte Längsschnitte und ovale oder kreisförmige Quer- und Tangentialschnitte in mikritischen, feinkörnigen Kalken. Häufig an Einzelkorallen, Schwämmen und Bryozoen angelagert oder in Krusten von Spongiostromen. Röhrenwände auch bei starker Vergrößerung ohne geordnete Struktur, sehr dünn, im Längsschnitt nicht immer völlig eben. Vereinzelt kragenförmige Vorsprünge der Wände, welche mit Querelementen in Verbindung stehen, durch die die Röhren in Segmente unterteilt zu werden scheinen. Häufig sind die Röhrchen mit unregelmäßigen Ausbuchtungen und keulenförmigen Ausbuchtungen versehen, die ihnen im Längsschnitt ein sehr verschiedenartiges Aussehen verleihen. Ein Ende oder beide Enden der Röhren erscheinen von Sediment umhüllt, so daß die Längsschnitte der im allgemeinen auf ihrer gesamten Länge gleich breiten Röhren oft spitz-zylindrisch sind. Maße: Häufigster Durchmesser der Röhrchen bei adulten Exemplaren 0,10 mm, Extremwerte zwischen 0,05 und 0,20 mm. Die seltenen Schnitte der juvenilen Exemplare haben Durchmesser zwischen 0,03 und 0,06 mm. Die Länge der Röhrchen ist sehr verschieden, sie scheint 2 mm nicht zu übersteigen. Die Dicke der Wände liegt konstant bei 0,02—0,04 mm, unregelmäßige Verdickungen fehlen."

Locus typicus: Kirchenbruch in Adnet bei Hallein, Sbg.

Stratum typicum: Weißer Riffkalk des Oberrhät.

Verbreitung: (1) Oberrhät: Steinplatte bei Waidring, Tirol (häufig); (2) Rhät: Gosaukamm (Austriaweg, Weg auf den Großen Donnerkogel, Halde des Großen Donnerkogels, Halde des Kleinen Donnerkogels, Ausgang des Schneckengrabens, Steinriesen), OÖ./Sbg. (häufig); (3, 4) Rhät: Sauwand bei Gußwerk (Alpenrosenhütte, südöstlich Alpenrosenhütte, Weg Alpenrosenhütte zum Kogler, Weg Alpenrosenhütte zum Eibelbauer, Steilwand nördlich Eibelbauer, Plateau der Sauwand, Sauwand Nordhang, Südflanke der Sauwand, Westflanke der Sauwand, östlicher Vorgipfel der Sauwand, Vorriffblock unterhalb Stockerbaueralm), Stmk. (häufig); (5) Rhät: Gosaukamm (Austriaweg, Weg auf den Großen Donnerkogel, Halde des Großen Donnerkogels, Halde des Kleinen Donnerkogels, Ausgang des Schneckengrabens, Steinriesen), OÖ./Sbg. (häufig), Grimmingtor am Grimming, Stmk. (häufig), Torsäule im Hochkönig, Sbg. (häufig), Sauwand bei Gußwerk (Alpenrosenhütte, südöstlich Alpenrosenhütte, Weg Alpenrosenhütte zum Kogler, Weg Alpenrosenhütte zum Eibelbauer, Steilwand nördlich Eibelbauer, Plateau der Sauwand, Sauwand Nordhang, Südflanke der Sauwand, Westflanke der Sauwand, östlicher Vorgipfel der Sauwand, Vorriffblock unterhalb Stockerbaueralm), Stmk. (häufig), Ödlhaus im Tennengebirge, Sbg. (häufig); Oberrhät: Kirchenbruch in Adnet bei Hallein, Sbg. (häufig), Rötelwand bei Hallein, Sbg. (häufig), Sonnwendgebirge (Basilialm, Hochiß, Rofan Ostfuß, Torer Wand bei Dalfaz), Tirol (häufig), Steinplatte bei Waidring, Tirol (häufig).

Außerhalb Österreichs: Obertrias (Deutschland, Griechenland, Italien, Jugoslawien).

Aufbewahrung: (1, 5i) Geol. Inst. Univ. Princeton; (2, 5a—c, e—h) Geol.-Paläont. Abt. Naturhist. Mus. Wien; (3, 4, 5d) Steir. Landesmus. Joanneum Graz und Geol. Inst. Techn. Hochsch. Darmstadt.

Genus: *Placostegus* PHILIPPI, 1844

Placostegus polymorphus ROVERETO, 1895

(1) * 1895 (*Placostegus polymorphus* ROVERETO) G. ROVERETO 1895, p. 156, Taf. 9, Fig. 9.
(2) v *1897* (*Placostegus polymorphus* ROVERETO) G. ALESSANDRI 1897, p. 68.
(3) v 1898 (*Placostegus polymorphus* ROVERETO) G. ROVERETO 1898, p. 80.
(4) v 1904 (*Placostegus polymorphus* ROVERETO) G. ROVERETO 1904, p. 40, Taf. 4, Fig. 21 a—c.
(5) v 1955 (*Placostegus polymorphus* ROVERETO) W. J. SCHMIDT 1955a, p. 50, Taf. 5, Fig. 3—8.
(6) v *1955* (*Placostegus polymorphus* ROVERETO) W. J. SCHMIDT 1955b, p. 42, 43.
(7) v 1968 (*Placostegus polymorphus* ROVERETO) W. J. SCHMIDT 1968, p. 60.

Typus: Holotypus G. ROVERETO 1895, Taf. 9, Fig. 9; Geol.-Paläont. Abt. Naturhist. Mus. Wien, Inv.-Nr. 1860/V/21.

Diagnose: G. ROVERETO 1895, p. 156 „A principio il tubo aderisce svolgendosi a spirale, ora conica ora piana, di tre giri al massimo; la presenza nel mezzo delle superficie situate tra le costole dentate di altra costola poco appariscente, sempre a margine intero." G. ROVERETO 1898, p. 80 „Tubus triqueter, plerumque a latere dentatus; costis simpliciter marginatis fere obsoletis inter reliquas dentatas; diam. 1 mm, long. + 6 mm."

Locus typicus: Ehrenhausen, Stmk.

Stratum typicum: Leithakalk des Torton.

Verbreitung: (1—4) Torton: Ehrenhausen, Stmk. (selten); (5, 6) Torton: Ehrenhausen, Stmk. (selten), Kienberg, NÖ. (selten); (7) Torton: Brunn an der Schneebergbahn, NÖ. (selten).

Außerhalb Österreichs: Helvet (Italien).

Aufbewahrung: (1—6) Geol.-Paläont. Abt. Naturhist. Mus. Wien; (7) Paläont. Inst. Univ. Wien.

Genus: *Pomatoceros* PHILIPPI, 1844

Pomatoceros dentatus W. J. SCHMIDT, 1950

(1) * 1950 (*Pomatoceros dentatus* W. J. SCHMIDT) W. J. SCHMIDT 1950, p. 161, Abb. 4.
(2) v 1955 (*Pomatoceros dentatus* W. J. SCHMIDT) W. J. SCHMIDT 1955a, p. 50—51, Taf. 5, Fig. 9.
(3) v *1955* (*Pomatoceros dentatus* W. J. SCHMIDT) W. J. SCHMIDT 1955b, p. 41.
(4) v 1968 (*Pomatoceros dentatus* W. J. SCHMIDT) W. J. SCHMIDT 1968, p. 60.

Typus: Holotypus W. J. SCHMIDT 1950, Abb. 4; Geol.-Paläont. Abt. Naturhist. Mus. Wien, Inv.-Nr. 1949/I/27.

Diagnose: W. J. SCHMIDT 1950, p. 161 „Eine Art der Gattung *Pomatoceros* PHILIPPI bei welcher der Kamm deutliche, nach hinten abflachende Zacken zeigt. Die gesamte Röhre besitzt schwache Querrunzeln."

Locus typicus: Nußdorf, Wien.
Stratum typicum: Sande des Torton.
Verbreitung: (1—3) Torton: Nußdorf, Wien (selten); (4) Torton: Oslip, Bgld. (selten), St. Margarethen, Bgld. (mittel).
Außerhalb Österreichs nicht beschrieben.
Aufbewahrung: (1—3) Geol.-Paläont. Abt. Naturhist. Mus. Wien; (4) Paläont. Inst. Univ. Wien.

Pomatoceros triqueter (LINNAEUS), 1758

(1) * 1758 (*Serpula triquetra* LINNEAEUS) C. LINNAEUS 1758, p. 787.
(2) v 1895 (*Pomatoceros [Serpula] triqueter* [LINNAEUS]) G. ROVERETO 1895, p. 155, Taf. 9, Fig. 6.
(3) v *1898* (*Pomatoceros triqueter* [LINNAEUS]) G. ROVERETO 1898, p. 75.
(4) v *1904* (*Pomatoceros triqueter* [LINNAEUS]) G. ROVERETO 1904, p. 35.
(5) v *1950* (*Pomatoceros triqueter* [LINNAEUS]) W. J. SCHMIDT 1950, p. 162.
(6) v 1955 (*Pomatoceros triqueter* [LINNAEUS]) W. J. SCHMIDT 1955a, p. 51—53, Taf. 5, Fig. 10—12.
(7) v *1955* (*Pomatoceros triqueter* [LINNAEUS]) W. J. SCHMIDT 1955b, p. 42, 43.
(8) v *1968* (*Pomatoceros triqueter* [LINNAEUS]) W. J. SCHMIDT 1968, p. 60—61.

Typus: Holotypus C. LINNAEUS 1758, p. 787; Mus. Ludovicae Ulricae Univ. Uppsala, Inv.-Nr. 428.

Diagnose: C. LINNAEUS 1758, p. 787 „Testa repente flexuosa triquetra." P. FAUVEL 1927, p. 370 „Tube blanc, triquètre à crête dorsale lisse ou dentelée, souvent prolongée en dent pointue au-dessus de l'ouverture. Tube contourné en spirale à la base, très variable de forme et de disposition."

Locus typicus: C. LINNAEUS 1758, p. 787 „In Oceano."
Stratum typicum: Rezent.
Verbreitung: (2—5) Torton: Steinabrunn, NÖ. (selten); (6, 7) Torton: Bischofwarth, NÖ. (selten), Deutsch Altenburg, NÖ. (mittel), Ehrenhausen, Stmk. (mittel), Enzesfeld, NÖ. (mittel), Grinzing, Wien (mittel), Hundsheim, NÖ. (mittel), Kalksburg, NÖ. (häufig), Pfaffenberg, NÖ. (selten), Rauchstallbrunngraben, NÖ. (häufig), Steinabrunn, NÖ. (mittel); (8) Torton: Klein Meiselsdorf, NÖ. (selten).
Außerhalb Österreichs: Tertiär (Deutschland); Miozän (Italien); Helvet (Italien); Pliozän (Italien); Quartär (Ägypten); Rezent (Atlantik, Mittelmeer, Nordsee).
Aufbewahrung: (2—7) Geol.-Paläont. Abt. Naturhist. Mus. Wien; (8) Paläont. Inst. Univ. Wien.

Genus: *Pomatostegus* SCHMARDA, 1861

Pomatostegus comatus (ROVERETO), 1895

(1) * 1895 (*Vermilia comata* ROVERETO) G. ROVERETO 1895, p. 156—157, Taf. 9, Fig. 7, 8.
(2) v *1904* (*Serpula comata* [ROVERETO]) G. ROVERETO 1904, p. 9.
(3) v 1955 (*Pomatostegus comatus* [ROVERETO]) W. J. SCHMIDT 1955a, p. 54, Taf. 5, Fig. 14—17.
(4) v *1955* (*Pomatostegus comatus* [ROVERETO]) W. J. SCHMIDT 1955b, p. 41.

Typus: Lectotypus G. ROVERETO 1895, Taf. 9, Fig. 7 nach W. J. SCHMIDT 1955a, Taf. 5, Fig. 14; Geol.-Paläont. Abt. Naturhist. Mus. Wien, Inv.-Nr. 1860/V/17.

Diagnose: G. ROVERETO 1895, p. 156—157 „Su di un frammento tipico Leythakalk di Gamlitz sono accostati due tubi di media grandezza; l'uno è intensamente rugoso in modo trasversale, con un solco sul dorso che dà l'aspetto di una spatitura di capigliatura; l'altro presenta sul dorso due serie di piccoli fori, distanziati, i quali nelle specie viventi (*Vermilia*) appariscono quando il tubo è superficialmente eroso. Queste due forme considero quindi, benchè con dubbio, una sola specie e dò loro il nome di *Vermilia comata* n. sp." W. J. SCHMIDT 1955a, p. 54 „An der Oberfläche eines Kalkblockes finden sich unregelmäßig gekrümmte Längswülste, die nach unten zu ohne scharfe Grenze in den Kalk übergehen. Ihr Durchmesser beträgt bis zu 3 mm, an Länge erreichen sie einige Zentimeter. An einigen Stellen zeigt es sich, daß es sich um kalkige weiße Röhren mit breitem Basale handelt, die zur Gänze mit Sediment ausgefüllt und stellenweise auch überdeckt sind. An der Oberseite der Röhren befindet sich ein kleiner Längskiel, von dem aus geschweifte Querrunzeln über die Seitenwände ziehen. Wo die Oberfläche etwas beschädigt ist, tritt unter den Querrunzeln seitlich je eine Längsreihe von Poren hervor."

Locus typicus: Gamlitz, Stmk.

Stratum typicum: Leithakalk des Torton.

Verbreitung: (1—4) Torton: Gamlitz, Stmk. (selten).
Außerhalb Österreichs nicht beschrieben.

Aufbewahrung: (1—4) Geol.-Paläont. Abt. Naturhist. Mus. Wien.

Genus: *Serpula* LINNAEUS, 1758

Serpula crispata REUSS, 1860

(1) * 1860 (*Serpula crispata* REUSS) A. E. REUSS 1860, p. 225, Taf. 3, Fig. 8a, b.
(2) v 1955 (*Serpula crispata* REUSS) W. J. SCHMIDT 1955a, p. 55, Taf. 6, Fig. 1.
(3) v *1955* (*Serpula crispata* REUSS) W. J. SCHMIDT 1955b, p. 41.

Typus: Holotypus A. E. REUSS 1860, Taf. 3, Fig. 8a; Geol.-Paläont. Abt. Naturhist. Mus. Wien, Inv.-Nr. 1859/X/137.

Diagnose: A. E. REUSS 1860, p. 255 „Unregelmäßig spiral aufgerollt, ohne deutlichen Basalsaum aufgewachsen und nur mit dem Ende sich frei erhebend. Über die Röhre verlaufen der Länge nach vier schmale Kiele, deren zwei innerste noch einen viel schmäleren und niedrigeren zwischen sich haben. Alle werden von gedrängten unregelmäßigen, in derselben Richtung noch fein linierten gebogenen Querfurchen durchzogen und dadurch ungleich gekerbt."

Locus typicus: Rudelsdorf, Teschechoslowakei.

Stratum typicum: Torton.

Verbreitung: (2, 3) Torton: Baden, NÖ. (selten).
Außerhalb Österreichs: Torton (Tschechoslowakei).

Aufbewahrung: (2, 3) Geol.-Paläont. Abt. Naturhist. Mus. Wien.

Serpula curvata W. J. Schmidt, 1950

(1) * 1950 (*Serpula curvata* W. J. Schmidt) W. J. Schmidt 1950, p. 160, Abb. 3.
(2) v 1955 (*Serpula curvata* W. J. Schmidt) W. J. Schmidt 1955a, p. 55—56, Taf. 6, Fig. 21.
(3) v *1955* (*Serpula curvata* W. J. Schmidt) W. J. Schmidt 1955b, p. 41.
(4) v 1968 (*Serpula curvata* W. J. Schmidt) W. J. Schmidt 1968, p. 61.

Typus: Holotypus W. J. Schmidt 1950, Abb. 3; Geol.-Paläont. Abt. Naturhist. Mus. Wien, Inv.-Nr. 1949/I/26.

Diagnose: W. J. Schmidt 1950, p. 160 „Runde Röhre, schlingenartig verknäuelt. Deutliche Querrunzeln an den Seitenwänden nach rückwärts gebogen."

Locus typicus: Nußdorf, Wien.

Stratum typicum: Sande des Torton.

Verbreitung: (1—3) Torton: Nußdorf, Wien (selten); (4) Torton: Rothenthurm bei Oberradkersburg, Stmk. (selten).

Außerhalb Österreichs nicht beschrieben.

Aufbewahrung: (1—3) Geol.-Paläont. Abt. Naturhist. Mus. Wien; (4) Steir. Landesmus. Joanneum Graz.

Serpula discohelix Seguenza, 1880

(1) * 1880 (*Serpula discohelix* Seguenza) G. Seguenza 1880, p. 78, Taf. 8, Fig. 5.
(2) v 1955 (*Serpula discohelix* Seguenza) W. J. Schmidt 1955a, p. 56, Taf. 6, Fig. 3, 4.
(3) v *1955* (*Serpula discohelix* Seguenza) W. J. Schmidt 1955b, p. 40.

Typus: Holotypus G. Seguenza 1880, Taf. 8, Fig. 5; Aufbewahrung unbekannt (nicht Ist. Geol.-Paläont. Univ. Genova, Modena, Napoli, Padova, Palermo, Pisa, Torino), nach brieflicher Mitteilung von Prof. Dr. G. Tavani, Pisa (16. 2. 1960) und Prof. Dr. G. Ruggieri, Palermo (8. 10. 1961), wahrscheinlich aus der Sammlung der Universität Palermo während des Erdbebens im Jahre 1908 verlorengegangen.

Diagnose: G. Seguenza 1880, p. 78 „Conchiglia avvolta a spirale piana, con notevole regolarità ad una spoglia di serpulide, la quale è appianata al centro pel modo come si riuniscono gli avvolgimenti, l'ultimo soltante si rialza al di sopra del piano degli altri formando un margine irregolamente quadrangolare, perchè depresso superiormente; ed inoltre costituisce intorno a sè una incrostazione sottile sulla conchiglia alla quale aderisce; gli avvolgimenti sono segnati inoltre da linee di accrescimento sottili, irregolari, flessuose."

Locus typicus: Ambuti, Reggio Calabria, Italien.

Stratum typicum: Helvet.

Verbreitung: (2, 3) Helvet? Torton: Poysdorf, NÖ. (selten).

Außerhalb Österreichs: Helvet (Italien).

Aufbewahrung: (2, 3) Geol.-Paläont. Abt. Naturhist. Mus. Wien.

Serpula discohelix subanfracta Rovereto, 1903

(1) v 1895 (*Serpula anfracta* Goldfuss) G. Rovereto 1895, p. 154, Taf. 9, Fig. 13.
(2) v 1898 (*Serpula? anfracta* Goldfuss) G. Rovereto 1898, p. 62.
(3) * 1903 (*Serpula discohelix subanfracta* Rovereto) G. Rovereto 1903, p. 104.
(4) v 1904 (*Serpula discohelix subanfracta* Rovereto) G. Rovereto 1904, p. 11.

(5) v 1955 (*Serpula discohelix subanfracta* ROVERETO) W. J. SCHMIDT 1955a, p. 56—57, Taf. 6, Fig. 5, 6.
(6) v *1955* (*Serpula discohelix subanfracta* ROVERETO) W. J. SCHMIDT 1955b, p. 42, 43.
(7) v 1968 (*Serpula discohelix subanfracta* ROVERETO) W. J. SCHMIDT 1968, p. 61.

Typus: Holotypus G. ROVERETO 1895, Taf. 9, Fig. 13; Geol.-Paläont. Abt. Naturhist. Mus. Wien, Inv.-Nr. 1860/V/19.

Diagnose: G. ROVERETO 1904, p. 11 „La *S. discohelix* tipica forma una spira piana di pochi giri, non molto aderenti fra loro; questa varietà invece presenta a principio un disco più o meno regolare di sei giri, quindi il suo tubo si sviluppa irregolaremente, formando una massa antralciata."

Locus typicus: Wildon, Stmk.

Stratum typicum: Leithakalk des Torton.

Verbreitung: (1, 3) Torton: Nußdorf, Wien (selten), Wildon, Stmk. (selten); (2) Torton: Wildon, Stmk. (selten); (5, 6) Torton: Brunn an der Schneebergbahn, NÖ. (selten), Hollingsteinerberg bei Hollabrunn, NÖ. (selten), Nußdorf, Wien (mittel), Wildon, Stmk. (selten); (7) Torton: St. Margarethen, Bgld. (mittel).

Außerhalb Österreichs: Infraaquitan, Aquitan (Italien); Helvet (Italien, Tschechoslowakei).

Aufbewahrung: (1—6) Geol.-Paläont. Abt. Naturhist. Mus. Wien; (7) Paläont. Inst. Univ. Wien.

Serpula fastigiata EICHWALD, 1830

(1) * 1830 (*Serpula fastigiata* EICHWALD) E. EICHWALD 1830, p. 199.
(2) . 1853 (*Serpula fastigiata* EICHWALD) E. EICHWALD 1853, p. 50, Taf. 3, Fig. 4.
(3) v 1895 (*Vermilia quinquelineata* PHILIPPI) G. ROVERETO 1895, p. 156, Taf. 9, Fig. 5.
(4) v *1904* (*Serpula fastigiata* EICHWALD) G. ROVERETO 1904, p. 12.
(5) v 1955 (*Serpula fastigiata* EICHWALD) W. J. SCHMIDT 1955a, p. 57—58, Taf. 6, Fig. 7, 8.

Typus: Holotypus E. EICHWALD 1853, Taf. 3, Fig. 4; Aufbewahrung unbekannt (nicht Samml. E. EICHWALD zu *Lethaea Rossica* im Inst. Hist. Geol. Leningrad, Karpinski Mus. Leningrad, W. N. I. G. R. Mus. Leningrad, Geol. Inst. Univ. Wilna).

Diagnose: E. EICHWALD 1830, p. 199 „Tubus hinc inde parum contortus, per gradus fastigiatus, longitudinaliter sulcatus". E. EICHWALD 1853, p. 50 „Tubulo alongatoconico, hinc inde nonnihil inflexo, per gradus propter incrementi strata fastigiato, ac longitudinaliter sulcato."

Locus typicus: Shukowze, Rußland.

Stratum typicum: Tertiär.

Verbreitung: (3, 4) Torton: Möllersdorf, NÖ. (häufig); (5) Torton: Brennhügel, NÖ. (selten), Möllersdorf, NÖ. (häufig).

Außerhalb Österreichs: Tertiär (Rußland); Helvet, Torton (Tschechoslowakei).

Aufbewahrung: (3—5) Geol.-Paläont. Abt. Naturhist. Mus. Wien.

Serpula aff. filaria GOLDFUSS, 1826

(1) * 1826 (*Serpula filaria* GOLDFUSS) A. GOLDFUSS 1826, p. 235, Taf. 69, Fig. 11.
(2) 1909 (*Serpula* sp.) F. TRAUTH 1909, p. 47.

Bemerkung: F. TRAUTH, p. 47 ,,Ein sehr schlecht erhaltenes Stück, an dem kaum mehr als die Form zu sehen ist. Es handelt sich um eine, an dem einen Ende ziemlich unregelmäßig eingerollte, am anderen Ende gerade gestreckte und mit Gestein ausgefüllte Röhre, welche in einem gewissen Grade an die von CHAPUIS & DEWALQUE (Luxemburg, p. 262, Taf. 38, Fig. 2) beschriebene und aus dem Unteroolith stammende *Serpula filosa* erinnert."

An der angegebenen Stelle findet sich jedoch *Serpula filaria* GOLDFUSS. Diese weist auch eine gewisse Ähnlichkeit mit obiger Beschreibung auf, so daß man in der Publikation von F. TRAUTH einen Druckfehler annehmen muß.

Da das Exemplar verloren ist, kann eine neuerliche Bestimmung nicht versucht werden.

Typus: Holotypus A. GOLDFUSS 1826, Taf. 69, Fig. 11; Paläont. Inst. Univ. Bonn, Inv.-Nr. 487 (Übereinstimmung Abbildung-Original fraglich).

Diagnose: A. GOLDFUSS 1826, p. 235 ,,*Serpula* testa filiforme laevi, postice in spiram discoideam convoluta, antice flexuosa elongata sensim incrassata."

Locus typicus: Streitberg, Deutschland.

Stratum typicum: Malm.

Verbreitung: (2) Lias: Pechgraben bei Großraming, OÖ. (selten).

Außerhalb Österreichs: Jura (Deutschland).

Aufbewahrung: (2) Verloren.

Serpula flaccida GOLDFUSS, 1826

(1) * 1826 (*Serpula flaccida* GOLDFUSS) A. GOLDFUSS 1826, p. 234, Taf. 69, Fig. 7a, b.
(2) 1964 (*Serpula* [*Cycloserpula*] *flaccida* [GOLDFUSS]) B. W. L. KUNZ 1964, p. 235.

Typus: Lectotypus A. GOLDFUSS 1826, Taf. 69, Fig. 7b; Paläont. Inst. Univ. Bonn, Inv.-Nr. 484 A (Übereinstimmung Abbildung-Original fraglich).

Diagnose: A. GOLDFUSS 1826, p. 234 ,,*Serpula* testa elongata filiformi laevi flaccida flexuosa."

Locus typicus: Basel, Schweiz.

Stratum typicum: Unterer eisenschüssiger Oolith des Dogger.

Verbreitung: (2) Unteres bis Mittleres Bathon: Neuhauser Graben bei Waidhofen an der Ybbs, NÖ. (mittel).

Außerhalb Österreichs: Jura (Deutschland, Frankreich, Schweiz).

Aufbewahrung: (2) Geol.-Paläont. Abt. Naturhist. Mus. Wien.

Serpula fuchsii ROVERETO, 1895

(1) * 1895 (*Serpula fuchsii* ROVERETO) G. ROVERETO 1895, p. 155, Taf. 9, Fig. 15.
(2) v 1955 (*Serpula fuchsii* ROVERETO) W. J. SCHMIDT 1955a, p. 58, Taf. 6, Fig. 9.
(3) v 1955 (*Serpula fuchsii* ROVERETO) W. J. SCHMIDT 1955b, p. 42, 43.

Typus: Holotypus G. ROVERETO 1895, Taf. 9, Fig. 15; Geol.-Paläont. Abt. Naturhist. Mus. Wien, Inv.-Nr. 1860/XL/524a.

Diagnose: G. ROVERETO 1895, p. 155 ,,Piccolo tubo affisso, con bocca semplice; parte dorsale levigata, parti laterali costolate traversalmente, costole convesse."

Locus typicus: Lapugy, Rumänien.

Stratum typicum: Torton.

Verbreitung: (2, 3) Torton: Nußdorf, Wien (selten).
Außerhalb Österreichs: Helvet (Italien); Torton (Rumänien).

Aufbewahrung: (2, 3) Geol.-Paläont. Abt. Naturhist. Mus. Wien.

Serpula gordialis (SCHLOTHEIM), 1820

(1) * 1820 (*Serpulites gordialis* SCHLOTHEIM) E. F. SCHLOTHEIM 1820, p. 96.
(2) . 1826 (*Serpula gordialis* [SCHLOTHEIM]) A. GOLDFUSS 1826, p. 234, Taf. 69, Fig. 8a—c.
(3)   1923 (*Serpula gordialis* [SCHLOTHEIM]) F. TRAUTH 1923, p. 173, 185.

Typus: Keine Angaben über Typus, Fundort und Alter bei E. F. SCHLOTHEIM 1820, auch aus seiner Sammlung wird kein Exemplar beschrieben. Daher aus nächster Abbildung und Beschreibung, A. GOLDFUSS 1826, p. 234, Taf. 69, Fig. 8a—c, Lectotypus Fig. 8a; Paläont. Inst. Univ. Bonn, Inv.-Nr. 484a.

Diagnose: E. F. SCHLOTHEIM 1820, p. 96 „Läuft in mannigfaltigen theils durcheinander geflochtenen, theils schlangenartigen Windungen aus, welche fast durchgängig von gleicher Dicke bleiben, und selten die Dicke eines Strohhalmes überschreiten."
A. GOLDFUSS 1826, p. 234 „*Serpula* testa elongata laevi filiformi serpentina vel in glomerulum seu spicam convoluta."

Locus typicus: Streitberg, Deutschland.

Stratum typicum: Malm.

Verbreitung: (3) Dogger ε: Hohenauer Wiese im Lainzer Tiergarten, Wien (selten), Waidhofen an der Ybbs, NÖ. (selten).
Außerhalb Österreichs: Jura (Deutschland, England, Frankreich, Schweiz).

Aufbewahrung: (3) verloren.

Serpula granosa REUSS, 1860

(1) * 1860 (*Serpula granosa* REUSS) A. E. REUSS 1860, p. 225, Taf. 3, Fig. 9a, b.
(2) v 1955 (*Serpula granosa* REUSS) W. J. SCHMIDT 1955a, p. 58—59, Taf. 6, Fig. 10.
(3) v 1955 (*Serpula granosa* REUSS) W. J. SCHMIDT 1955b, p. 41.

Typus: Holotypus A. E. REUSS 1860, Taf. 3, Fig. 9a; Geol.-Paläont. Abt. Naturhist. Mus. Wien, Inv.-Nr. 1859/X/134.

Diagnose: A. E. REUSS 1860, p. 225 „Zu einer niedergedrückten unregelmäßigen Spirale eingerollt und beiderseits mit einem mehr weniger breiten Lateralsaume aufgewachsen. Über den Rücken der im Querschnitte dreiseitigen, nicht sehr hoch gewölbten Röhre läuft eine schmale, aber tiefe Längsfurche, jederseits begrenzt von einem niedrigen gerunzelten Kiele. Diese sowie die Mittelfurche tragen eine oft unterbrochene Reihe grober Körner. Nach außen neben den Kielen verlaufen auf den Seitenabhängen der Röhre noch ein bis drei nicht ganz regelmäßige Reihen von Körnern."

Locus typicus: Rudelsdorf, Tschechoslowakei.
Stratum typicum: Torton.
Verbreitung: (2, 3) Torton: Baden, NÖ. (selten).
Außerhalb Österreichs: Torton (Tschechoslowakei).
Aufbewahrung: (2, 3) Geol.-Paläont. Abt. Naturhist. Mus. Wien.

Serpula gundavaënsis ARCHIAC, 1853

(1) * 1853 (*Serpula gundavaënsis* ARCHIAC) A. ARCHIAC & J. HAIME 1853, p. 339, Taf. 36, Fig. 11.
(2) v 1955 (*Serpula gundavaënsis* ARCHIAC) W. J. SCHMIDT 1955a, p. 59—60, Taf. 6, Fig. 11.
(3) v *1955* (*Serpula gundavaënsis* ARCHIAC) W. J. SCHMIDT 1955b, p. 42.

Typus: Holotypus A. ARCHIAC & J. HAIME 1853, Taf. 36, Fig. 11; Aufbewahrung unbekannt (nicht Brit. Mus. Natur. Hist. London, Mus. Hist. Nat. Paris, Mus. Geol. Surv. Ind. Calcutta, Mus. Geol. Surv. Pak. Quetta).

Diagnose: A. ARCHIAC & J. HAIME 1853, p. 339 „Plus délié, cylindrique, filiforme, se replie plusieurs fois sur lui-même, comme la *Serpula gordialis* GOLDFUSS."

Locus typicus: Chaine d'Hala, Pakistan.

Stratum typicum: Eozän.

Verbreitung: (2, 3) Eozän: Greifenstein, NÖ. (selten); Untereozän bis Mitteleozän: Guttaring, Kärnten (selten).

Außerhalb Österreichs: Eozän (Pakistan); Eozän bis Oligozän (Italien); Untereozän bis Mitteleozän (Deutschland); Mitteleozän (Belgien).

Aufbewahrung: (2, 3) Geol.-Paläont. Abt. Naturhist. Mus. Wien.

Serpula hierlatzensis STOLICZKA, 1861

(1) * 1861 (*Serpula hierlatzensis* STOLICZKA) F. STOLICZKA 1861, p. 201, Taf. 7, Fig. 6a, b.

Typus: Holotypus F. STOLICZKA 1861, Taf. 7, Fig. 6a, b; Geol. Bundesanst. Wien, Inv.-Nr. 3003.

Diagnose: F. STOLICZKA 1861, p. 201 „Diese kleine Art bildet ein geschlängeltes dreiseitiges Röhrchen, das mit einer Fläche aufgewachsen ist. Die beiden freien Seiten sind sehr schwach gewölbt und man bemerkt bloß deutliche Zuwachsstreifen."

Locus typicus: Hierlatzberg bei Hallstatt, OÖ.

Stratum typicum: Hierlatzkalk des Lias.

Verbreitung: (1) Lias: Hierlatzberg bei Hallstatt, OÖ. (selten).
Außerhalb Österreichs nicht beschrieben.

Aufbewahrung: (1) Geol. Bundesanst. Wien.

Serpula hortensis (OPPENHEIM), 1901

(1) * 1901 (*Serpula* [*Pomatoceros*] *hortensis* OPPENHEIM) P. OPPENHEIM 1901, p. 279, Taf. 9, Fig. 6.
(2) . 1953 (*Serpula* [*Protula*] *hortensis* [OPPENHEIM]) R. SIEBER 1953, p. 367.
(3) v 1955 (*Serpula hortensis* [OPPENHEIM]) W. J. SCHMIDT 1955a, p. 60, Taf. 6, Fig. 12, 13.
(4) v *1955* (*Serpula hortensis* [OPPENHEIM] W. J. SCHMIDT 1955b, p. 42.

Typus: Holotypus P. OPPENHEIM 1901, Taf. 9, Fig. 6; Geol. Dept. Hebr. Univ. Jerusalem, Inv.-Nr. 20586.

Diagnose: P. OPPENHEIM 1901, p. 279 „Die Röhre ist von mäßig dicken Wandungen umgeben und hat, wie ich mich an mehreren, von mir dann wieder zusammengeleimten Bruchstücken überzeugen konnte, ein kreisförmiges Lumen. Sie ist annähernd gerada, nur schwach gebogen und biegt nur an ihrem unteren Ende nach abwärts in eine andere Ebene herüber. Der entgegengesetzte obere Pol ist durch ein Hinabgreifen der Schale von oben her fast deckelförmig geschlossen und läßt nur an der Ventralseite einen schmalen elliptischen Spalt frei. Die Oberfläche der Schale trägt zahlreiche, sehr zierliche Anwachsringe, welche häufig, aber nicht immer parallel orientiert sind und am unteren Ende infolge der Kreuzung durch schwache Längsstreifen kaum merklich geknotet werden. Die regelmäßigere, weniger knäuelartig gewundene Gestalt, das Fehlen der Randzacken und die einfachere Skulptur unterscheiden die Form von der häufigeren *S. dilatata* D'Arch. Höhe 33, Breite 4 mm."

Locus typicus: Via degli Orti bei Possagno, Italien.

Stratum typicum: Priabon.

Verbreitung: (2) Eozän: Reingruberhöhe bei Bruderndorf, NÖ. (selten); (3, 4) Untereozän bis Mitteleozän: Fuchsofen, Kärnten (selten); Obereozän: Bruderndorf, NÖ. (selten).

Außerhalb Österreichs: Eozän (Algerien, Italien).

Aufbewahrung: (2—4) Geol.-Paläont. Abt. Naturhist. Mus. Wien.

Serpula lacera Reuss, 1860

(1) * 1860 (*Serpula lacera* Reuss) A. E. Reuss 1860, p. 225, Taf. 3, Fig. 10a, b.
(2) v 1954 (*Serpula lacera* Reuss) W. J. Schmidt 1954b, p. 28—30.
(3) v 1955 (*Serpula lacera* Reuss) W. J. Schmidt 1955a, p. 61, Taf. 6, Fig. 14.
(4) v 1955 (*Serpula lacera* Reuss) W. J. Schmidt 1955b, p. 42, 43.
(5) v 1968 (*Serpula lacera* Reuss) W. J. Schmidt 1968, p. 61.

Typus: Holotypus A. E. Reuss 1860, Taf. 3, Fig. 10b; Geol.-Paläont. Abt. Naturhist. Mus. Wien, Inv.-Nr. 1859/X/131.

Diagnose: A. E. Reuss 1860, p. 225 ,,Es liegen nur kleine, gerade oder schwach gebogene Fragmente, wahrscheinlich Endstücke der Röhre vor, die nur eine schmale Anheftungsfläche zeigen. Sie tragen fünf Längskiele, drei hohe scharfe lamelläre am Rücken und zwei viel niedrigere auf den steil abfallenden Seiten. Alle werden durch gebogene ungleiche Querstreifen gekerbt. Die oberen drei Kiele erscheinen dadurch wellenförmig gebogen. In den tiefen Zwischenrinnen der Kiele sind die Querstreifen nur an den Seiten derselben, dagegen am Grunde beinahe gar nicht zu unterscheiden. Wohl aber nimmt man daselbst mitunter feine Längslinien wahr. Die zwei seitlichen Kiele sind viel niedriger, nicht blätterig und werden durch Querstreifen nur unregelmäßig gekörnt."

Locus typicus: Rudelsdorf, Tschechoslowakei.

Stratum typicum: Tegel des Torton.

Verbreitung: (2) Torton: Bohrungen St. Stefan im Lavanttal, Kärnten (selten); (3, 4) Torton: Gainfarn, NÖ. (selten), Bohrungen St. Stefan im Lavanttal, Kärnten (selten); (5) Torton: St. Margarethen, Bgld. (mittel).

Außerhalb Österreichs: Helvet (Italien), Torton (Tschechoslowakei).

Aufbewahrung: (2, 3b, 4b, 5) Paläont. Inst. Univ. Wien; (3a, 4a) Geol.-Paläont. Abt. Naturhist. Mus. Wien.

Serpula maeandrica W. J. Schmidt, 1955

(1) * 1955 (*Serpula maeandrica* W. J. Schmidt) W. J. Schmidt 1955a, p. 61—62, Taf. 6, Fig. 15—19.

Typus: Holotypus W. J. SCHMIDT 1955a, Taf. 6, Fig. 15; Geol.-Paläont. Abt. Naturhist. Mus. Wien, Inv.-Nr. 384/1960.

Diagnose: W. J. SCHMIDT 1955a, p. 61 „Röhrendurchmesser 0,25—0,50 mm, Röhrenoberfläche glatt, zur Gänze aufgewachsen in eng nebeneinander liegenden Schlingen."

Locus typicus: Waschberg, NÖ.

Stratum typicum: Sande des Eozän.

Verbreitung: (1) Eozän: Waschberg, NÖ. (mittel).
Außerhalb Österreichs nicht beschrieben.

Aufbewahrung: (1) Geol.-Paläont. Abt. Naturhist. Mus. Wien.

Serpula quinquenodosa W. J. SCHMIDT, 1951

(1) * 1951 (*Serpula quinquenodosa* W. J. SCHMIDT) W. J. SCHMIDT 1951a, p. 81—82, Abb. 7.

(2) v 1955 (*Serpula quinquenodosa* W. J. SCHMIDT) W. J. SCHMIDT 1955a, p. 62, Taf. 6, Fig. 20.

(3) v *1955* (*Serpula quinquenodosa* W. J. SCHMIDT) W. J. SCHMIDT 1955b, p. 41.

Typus: Holotypus W. J. SCHMIDT 1951a, Abb. 7; Geol.-Paläont. Abt. Naturhist. Mus. Wien, Inv.-Nr. 1859/XLV/625b.

Diagnose: W. J. SCHMIDT 1951a, p. 81 „Eine Art der Gattung *Serpula* L. mit drei Längsreihen von Knoten an der Röhrenoberseite, fast in einer Ebene, und an den beiden Seitenwänden der Röhre je einer weiteren Knotenreihe."

Locus typicus: Steinabrunn, NÖ.

Stratum typicum: Torton.

Verbreitung: (1—3) Torton: Steinabrunn, NÖ. (selten).
Außerhalb Österreichs nicht beschrieben.

Aufbewahrung: (1—3) Geol.-Paläont. Abt. Naturhist. Mus. Wien.

Serpula reussi ROVERETO, 1903

(1) v 1860 (*Serpula carinella* [non SOWERBY] REUSS) A. R. REUSS 1860, p. 224, Taf. 3, Fig. 7a, b.

(2) * 1903 (*Serpula reussi* ROVERETO) G. ROVERETO 1903, p. 103.

(3) v 1955 (*Serpula reussi* ROVERETO) W. J. SCHMIDT 1955a, p. 62—63, Taf. 6, Fig. 21.

(4) v *1955* (*Serpula reussi* ROVERETO) W. J. SCHMIDT 1955b, p. 41.

Typus: Holotypus A. E. REUSS 1860, Taf. 3, Fig. 7a; Geol.-Paläont. Abt. Naturhist. Mus. Wien, Inv.-Nr. 1859/X/129.

Diagnose: A. E. REUSS 1860, p. 224 „Die Art kommt mit den zwei früher beschriebenen (*Vermilia manicata* [REUSS] und *Vermilia quinquesignata* [REUSS]) im allgemeinen überein. Sie ist ebenfalls spiralförmig eingerollt und mittels eines schmalen ungleichen Saumes angewachsen. Auch hier erhebt sich die Schale in ungleichen Abständen zu wenig hohen, fast senkrechten kreisförmigen Falten — ehemaligen Mundwülsten. Zuweilen folgen zwei derselben unmittelbar hintereinander. Überdies verlaufen über den Rücken der Röhre der Länge nach drei schmale Leistchen oder vielmehr erhabene Streifen, welche durch die die ganze Röhre bedeckenden ungleichen kreisförmigen Anwachsstreifen schwach gekörnt werden."

Locus typicus: Rudelsdorf, Tschechoslowakei.
Stratum typicum: Tegel des Torton.
Verbreitung: (3, 4) Torton: Gainfarn, NÖ. (selten).
Außerhalb Österreichs: Torton (Tschechoslowakei.
Aufbewahrung: (3, 4) Geol.-Paläont. Abt. Naturhist. Mus. Wien.

Serpula sexta W. J. Schmidt, 1951

(1) * 1951 (*Serpula sexta* W. J. Schmidt) W. J. Schmidt 1951a, p. 81, Abb. 6.
(2) v 1955 (*Serpula sexta* W. J. Schmidt) W. J. Schmidt 1955a, p. 63, Taf. 6, Fig. 22.
(3) v 1955 (*Serpula sexta* W. J. Schmidt) W. J. Schmidt 1955b, p. 41.

Typus: Holotypus W. J. Schmidt 1951a, Abb. 6; Geol.-Paläont. Abt. Naturhist. Mus. Wien, Inv.-Nr. 1859/XLV/625a.
Diagnose: W. J. Schmidt 1951a, p. 81 „Eine Art der Gattung *Serpula* L. mit sechs Längskielen, verteilt auf Seiten und Oberteil der Röhre."
Locus typicus: Steinabrunn, NÖ.
Stratum typicum: Torton.
Verbreitung: (1) Torton: Steinabrunn, NÖ. (selten); (2, 3) Torton: Gainfarn, NÖ. (selten), Grinzing, Wien (selten), Steinabrunn, NÖ. (selten).
Außerhalb Österreichs nicht beschrieben.
Aufbewahrung: (1—3) Geol.-Paläont. Abt. Naturhist. Mus. Wien.

Serpula socialis Goldfuss, 1826

(1) * 1826 (*Serpula socialis* Goldfuss) A. Goldfuss 1826, p. 235, Taf. 69, Fig. 12a—c.
(2) 1919 (*Serpula socialis* Goldfuss) E. Spengler 1919, p. 389, 391.
(3) 1964 (*Serpula [Cycloserpula] socialis* [Goldfuss]) B. W. L. Kunz 1964, p. 235, Abb. 1.

Typus: Lectotypus A. Goldfuss 1826, Taf. 69, Fig. 12b; Paläont. Inst. Univ. Bonn, Inv.-Nr. 488 (Übereinstimmung Abbildung—Original fraglich).
Diagnose: A. Goldfuss 1826, p. 235 „*Serpula* testa filiformi elongata laevi laxa, pluribus in fasciculum aggregatis."
Locus typicus: Navenne, Frankreich.
Stratum typicum: „Walkerde" des Jura.
Verbreitung: (2) Senon: Durchgangalpe, Sbg. (mittel), Hofergraben, OÖ. (mittel); (3) Unteres bis Mittleres Bathon: Neuhauser Graben bei Waidhofen an der Ybbs, NÖ. (häufig).
Außerhalb Österreichs: Jura, Kreide (Deutschland, Frankreich).
Aufbewahrung: (2) Geol. Bundesanst. Wien; (3) Geol.-Paläont. Abt. Naturhist. Mus. Wien.

Serpula spirographis Goldfuss, 1826

(1) * 1826 (*Serpula spirographis* Goldfuss) A. Goldfuss 1826, p. 239, Taf. 70, Fig. 17.
(2) v 1955 (*Serpula spirographis* Goldfuss) W. J. Schmidt 1955a, p. 63—64, Taf. 6, Fig. 23, 24.
(3) v 1955 (*Serpula spirographis* Goldfuss) W. J. Schmidt 1955b, p. 42.

Typus: Holotypus A. GOLDFUSS 1826, Taf. 70, Fig. 17; Paläont. Inst. Univ. Bonn, Inv.-Nr. 496.

Diagnose: A. GOLDFUSS 1826, p. 239 „*Serpula* testa laevi, postice in spiram discoideam covoluta, antice elongata copitata."

Locus typicus: Essen, Deutschland.

Stratum typicum: Grünsande des Cenoman.

Verbreitung: (2, 3) Oberes Untereozän: Sonnberg bei Guttaring, Kärnten (selten).

Außerhalb Österreichs: Cenoman (Deutschland).

Aufbewahrung: (2, 3) Geol.-Paläont. Abt. Naturhist. Mus. Wien.

Serpula subpacta ROVERETO, 1903

(1) . 1826 (*Serpula corrugata* [non LINCK] GOLDFUSS) A. GOLDFUSS 1826, p. 241, Taf. 71, Fig. 12a—d.
(2) . *1856* (*Serpula corrugata* [non LINCK] GOLDFUSS) F. ROLLE 1856, p. 588.
(3) . *1878* (*Serpula corrugata* [non LINCK] GOLDFUSS) V. HILBER 1878, p. 552, 567.
(4) * 1903 (*Serpula subpacta* ROVERETO) G. ROVERETO 1903, p. 103.
(5) v 1955 (*Serpula subpacta* ROVERETO) W. J. SCHMIDT 1955a, p. 64, Taf. 7, Fig. 1—3.
(6) v *1955* (*Serpula subpacta* ROVERETO) W. J. SCHMIDT 1955b, p. 43.
(7) v *1968* (*Serpula subpacta* ROVERETO) W. J. SCHMIDT 1968, p. 61.

Typus: Lectotypus A. GOLDFUSS 1826, Taf. 71, Fig. 12b nach W. J. SCHMIDT 1955a, Taf. 7, Fig. 1; Geol.-Paläont. Inst. Univ. Bonn, Inv.-Nr. 498.

Diagnose: A. GOLDFUSS 1826, p. 241 „*Serpula* testa subtereti rugosa subcarinata elongata serpentina vel in spira convoluta, carina obsoleta nodulosa, rugis lateralibus confertis."

Locus typicus: Astrup bei Osnabrück, Deutschland.

Stratum typicum: Tertiär.

Verbreitung: (2, 3) Torton: St. Margarethen am Buchkogel, Stmk. (mittel), Wildon, Stmk. (mittel); (5, 6) Torton: Ehrenhausen, Stmk. (selten), Gainfarn, NÖ. (häufig), Gamlitz, Stmk. (selten), Grinzing, Wien (mittel), Nußdorf, Wien (häufig), St. Margarethen, Bgld. (mittel), Wildon, Stmk. (mittel); (7) Torton: Oslip, Bgld. (mittel), St. Margarethen, Bgld. (mittel).

Außerhalb Österreichs: Tertiär (Deutschland); Torton (Tschechoslowakei).

Aufbewahrung: (2, 3) verloren; (5, 6) Geol.-Paläont. Abt. Naturhist. Mus. Wien; (7) Paläont. Inst. Univ. Wien.

Serpula traversa W. J. SCHMIDT, 1950

(1) * 1950 (*Serpula traversa* W. J. SCHMIDT) W. J. SCHMIDT 1950, p. 160, Abb. 2.
(2) v 1955 (*Serpula traversa* W. J. SCHMIDT) W. J. SCHMIDT 1955a, p. 65, Taf. 7, Fig. 4.
(3) v *1955* (*Serpula traversa* W. J. SCHMIDT) W. J. SCHMIDT 1955b, p. 41.

Typus: Holotypus W. J. SCHMIDT 1950, Abb. 2; Geol.-Paläont. Abt. Naturhist. Mus. Wien, Inv.-Nr. 1859/XLV/627.

Diagnose: W. J. SCHMIDT 1950, p. 160 „Runde Röhre, schlingenförmig gekrümmt, Durchmesser 0,8 mm, aufgerollte Länge, soweit erhalten, 10 mm. An der Oberseite einseitig abgeflachte Querhöcker, unregelmäßig, die sich an den Seitenwänden verlieren."

Locus typicus: Baden, NÖ.
Stratum typicum: Tegel des Torton.
Verbreitung: (1) Torton: Baden, NÖ. (selten); (2, 3) Torton: Baden, NÖ. (selten), Grinzing, Wien (selten).
Außerhalb Österreichs nicht beschrieben.
Aufbewahrung: (1—3) Geol.-Paläont. Abt. Naturhist. Mus. Wien.

Serpula trinodosa W. J. Schmidt, 1950

(1) * 1950 (*Serpula trinodosa* W. J. Schmidt) W. J. Schmidt 1950, p. 159, Abb. 1.
(2) v 1955 (*Serpula trinodosa* W. J. Schmidt) W. J. Schmidt 1955a, p. 65, Taf. 7, Fig. 5.
(3) v *1955* (*Serpula trinodosa* W. J. Schmidt) W. J. Schmidt 1955b, p. 41.

Typus: Holotypus W. J. Schmidt 1950, Abb. 1; Geol.-Paläont. Abt. Naturhist. Mus. Wien, Inv.-Nr. 1859/XLV/166.

Diagnose: W. J. Schmidt 1950, p. 159 „Runde Röhren schlingenartig gekrümmt, Durchmesser 0,7 mm, aufgerollte Länge, soweit erhalten, 5 mm. An der Oberseite der Röhre drei Längsreihen von Knoten. Zwischen ihnen und an den Seitenwänden leicht gekrümmte Querrunzeln."

Locus typicus: Niederleis, NÖ.
Stratum typicum: Sande des Oberhelvet? Untertorton.
Verbreitung: (1) Helvet? Torton: Niederleis, NÖ. (selten); (2, 3) Helvet? Torton: Niederleis, NÖ. (selten); Torton: Brunn an der Schneebergbahn, NÖ. (selten).
Außerhalb Österreichs nicht beschrieben.
Aufbewahrung: (1—3) Geol.-Paläont. Abt. Naturhist. Mus. Wien.

Genus: *Vermilia* Lamarck, 1818

Vermilia manicata (Reuss), 1860

(1) * 1860 (*Serpula manicata* Reuss) A. E. Reuss 1860, p. 223, Taf. 3, Fig. 5a, b.
(2) v 1955 (*Vermilia manicata* [Reuss]) W. J. Schmidt 1955a, p. 66—67, Taf. 7, Fig. 6, 7.
(3) v *1955* (*Vermilia manicata* [Reuss]) W. J. Schmidt 1955b, p. 41.
(4) v *1955* (*Vermilia manicata* [Reuss]) W. J. Schmidt 1955c, p. 178.

Typus: Lectotypus A. E. Reuss 1860, Taf. 3, Fig. 5a nach W. J. Schmidt 1955a, Taf. 7, Fig. 6; Geol.-Paläont. Abt. Naturhist. Mus. Wien, Inv.-Nr. 1859/X/130.

Diagnose: A. E. Reuss 1860, p. 223 „Zuerst bildet die Röhre 2—2$^{1}/_{2}$ aufgewachsene spirale Umgänge und streckt sich dann in gerader Richtung aus. Das nicht aufgewachsene Ende ist etwas schräg auswärts gerichtet. An der Basis ist die Röhre beiderseits in einen flachen, scharfrandigen Saum ausgebreitet, durch welchen die Anheftungsfläche vergrößert wird. Das Lumen der Röhre ist überall kreisrund. Auf der oberen Fläche, die von dem Saume aus desto steiler ansteigt, je weiter die Röhre in ihrem Wachstum vorschreitet, erheben sich in ungleichen Abständen — bald sehr nahe stehend, bald wieder weiter voneinander entfernt, bis 0,5''' hohe, scharfe, beinahe senkrechte, manchettenförmige, lamelläre Querfalten, von denen ich eben den Namen der Spezies herleite. Die Schalenfläche ist von gedrängten, rundlichen, scharf hervortretenden Körnchen bedeckt, die oft mit den seitlich benachbarten zusammenfließen und überhaupt in unregelmäßige, gekrümmte und oftmals sich gabelförmig spaltende Querreihen geordnet sind. Diese reihenförmige Anordnung tritt besonders deutlich an den Seiten der Röhre und an dem flachen Basalsaum hervor, ja die Körner fließen dort oftmals teilweise zusammen, während die Reihen auf der Wölbung der Röhre, wo die Körner am schärfsten voneinander getrennt und am meisten entwickelt sind, weniger deutlich erscheinen."

Locus typicus: Rudelsdorf, Tschechoslowakei.

Stratum typicum: Torton.

Verbreitung: (2—4) Torton: Grinzing, Wien (selten).
Außerhalb Österreichs: Torton (Italien, Tschechoslowakei).

Aufbewahrung: (2—4) Geol.-Paläont. Abt. Naturhist. Mus. Wien.

Vermilia quinquesignata (REUSS), 1860

(1) * 1860 (*Serpula quinquesignata* REUSS) A. E. REUSS 1860, p. 224, Taf. 3, Fig. 6a, b.
(2) v 1955 (*Vermilia quinquesignata* [REUSS]) W. J. SCHMIDT 1955a, p. 68, Taf. 7, Fig. 9, 10.
(3) v *1955* (*Vermilia quinquesignata* [REUSS]) W. J. SCHMIDT 1955b, p. 43.

Typus: Lectotypus A. E. REUSS 1860, Taf. 3, Fig. 6a nach W. J. SCHMIDT 1955a, Taf. 7, Fig. 9; Geol.-Paläont. Abt. Naturhist. Mus. Wien, Inv.-Nr. 1859/X/132.

Diagnose: A. E. REUSS 1860, p. 224 „Sie stimmt mit der vorigen Species (*Vermilia manicata* [REUSS]) in der Form überein; nur scheint sie stets etwas kleiner zu sein. Auch sie ist im Anfang spiral eingerollt und streckt sich erst gegen das Ende hin aus. Sie ist ferner ebenfalls vermöge eines wiewohl schmäleren Basalsaumes aufgewachsen. Die Schale erhebt sich auch in unbestimmten Abständen zu senkrechten aber niedrigen, nicht so deutlich blattartigen Querfalten, die in dem spiralförmigen Teile der Schale nur schwach, im Endteile aber stärker hervortreten. Auf dem Schalenrücken beobachtet man im Anfange drei erhabene Längslinien, zwischen welche zwei schwächere eingeschoben sind. Gegen das Ende hin werden dieselben sämtlich gleich groß und verwandeln sich in starke Längsstreifen. Außerdem zeigt die Schale ungleiche feine quere Anwachsstreifen, die gewöhnlich an dem Basalsaume und den zunächst darüberliegenden Schalenteilen am deutlichsten hervortreten. Zwischen den Längsstreifen werden sie nur hin und wieder, aber als entfernte, viel dickere Querstreifen sichtbar."

Locus typicus: Rudelsdorf, Tschechoslowakei.

Stratum typicum: Tegel des Torton.

Verbreitung: (2, 3) Torton: Hollingsteinerberg bei Niederfellabrunn, NÖ. (selten).
Außerhalb Österreichs: Unteres Lutet (Frankreich); Miozän, Pliozän (Italien); Torton (Tschechoslowakei).

Aufbewahrung: (2, 3) Geol.-Paläont. Abt. Naturhist. Mus. Wien.

Vermilia quinquesignata kienbergi W. J. SCHMIDT, 1951

(1) * 1951 (*Vermilia quinquesignata kienbergi* W. J. SCHMIDT) W. J. SCHMIDT 1951a, p. 82, Abb. 8.
(2) v 1955 (*Vermilia quinquesignata kienbergi* W. J. SCHMIDT) W. J. SCHMIDT 1955a, p. 68—69, Taf. 7, Fig. 11.
(3) v *1955* (*Vermilia quinquesignata kienbergi* W. J. SCHMIDT) W. J. SCHMIDT 1955b, p. 41.

Typus: Holotypus W. J. SCHMIDT 1951a, Abb. 8; Geol.-Paläont. Abt. Naturhist. Mus. Wien, Inv.-Nr. 1859/XLV/624c.

Diagnose: W. J. SCHMIDT 1951a, p. 82 „Eine Unterart von *Vermilia quinquesignata* (REUSS) mit zurücktretenden Querskulpturen an den Röhren. Die Anfangsteile der Röhre sind nicht regelmäßig aufgerollt, sondern bilden einige ungleiche große Schlingen. Der größte äußere Röhrendurchmesser beträgt 0,8 mm, der entsprechende Lumendurchmesser 0,4 mm."

Locus typicus: Kienberg, NÖ.

Stratum typicum: Torton.

Verbreitung: (1) Torton: Kienberg, NÖ. (selten); (2, 3) Torton: Enzesfeld, NÖ. (mittel), Kienberg, NÖ. (selten).

Außerhalb Österreichs nicht beschrieben.

Aufbewahrung: (1–3) Geol.-Paläont. Abt. Naturhist. Mus. Wien.

Genus: *Vermiliopsis* SAINT-JOSEPH, 1894

Vermiliopsis elegantula (ROVERETO), 1895

(1) * 1895 (*Serpula elegantula* ROVERETO) G. ROVERETO 1895, p. 155, Taf. 9, Fig. 14.
(2) v *1898* (*Serpula elegantula* ROVERETO) G. ROVERETO 1898, p. 61.
(3) v *1904* (*Serpula* [*Vermilia?*] *elegantula* [ROVERETO]) G. ROVERETO 1904, p. 33.
(4) v *1955* (*Vermiliopsis elegantula* [ROVERETO]) W. J. SCHMIDT 1955a, p. 69, Taf. 7, Fig. 12.
(5) v *1955* (*Vermiliopsis elegantula* [ROVERETO]) W. J. SCHMIDT 1955b, p. 42, 43.

Typus: Holotypus G. ROVERETO 1895, Taf. 9, Fig. 14; Geol.-Paläont. Abt. Naturhist. Mus. Wien, Inv.-Nr. 1860/XL/524b.

Diagnose: G. ROVERETO 1895, p. 155 „Orificio boccale imbutiforme; costole salienti a margine intero trasversali, minute costolature longitudinale a margine crenulato; larghezza alla bocca mm. 3, lunghezza totale mm. 15."

Locus typicus: Lapugy, Rumänien.

Stratum typicum: Torton.

Verbreitung: (4,5) Torton: Kienberg, NÖ. (selten).

Außerhalb Österreichs: Helvet (Italien); Torton (Rumänien).

Aufbewahrung: (4, 5) Geol.-Paläont. Abt. Naturhist. Mus. Wien.

Subfamilia: *Spirorbinae* CHAMBERLIN, 1919

Genus: *Rotularia* DEFRANCE, 1827

Rotularia clymenioides (GUPPY), 1866

(1) * 1866 (*Spirorbis clymenioides* GUPPY) R. J. L. GUPPY 1866, p. 572, 584, Taf. 26, Fig. 10.
(2) v 1955 (*Rotularia clymenioides* [GUPPY]) W. J. SCHMIDT 1955a, p. 71—73, Taf. 8, Fig. 7—11.
(3) v *1955* (*Rotularia clymenioides* [GUPPY]) W. J. SCHMIDT 1955b, p. 40.
(4) v *1955* (*Rotularia clymenioides* [GUPPY]) W. J. SCHMIDT 1955c, p. 176.

Typus: Holotypus R. J. L. GUPPY 1866, Taf. 22, Fig. 10; Geol. Dept. U. S. Nation. Mus. Washington, Nr. 115428.

Diagnose: R. J. L. GUPPY 1866, p. 584 „Tube coiled, discoidal, compressed, whorls usually three to four, flattened or even fused together, with sinuo-radiate lines of growth; periphery carinate; aperture constricted, circular; nucleus with an obsolete aperture nearly as large as the terminal one."

Locus typicus: San Fernando, Trinidad.

Stratum typicum: San Fernando Beds des Obereozän (R. J. L. GUPPY 1866 „Lower Miocene").

Verbreitung: (2—4) Obereozän: Bruderndorf, NÖ. (selten), St. Pankraz bei Laufen, Sbg. (selten).

Außerhalb Österreichs: Obereozän (Barbados, Cuba, Curacao, Trinidad).

Aufbewahrung: (2—4) Geol.-Paläont. Abt. Naturhist. Mus. Wien.

Rotularia leptostoma (GABB), 1860

(1) * 1860 (*Spirorbis leptostoma* GABB) W. M. GABB 1860, p. 385, Taf. 67, Fig. 36.
(2) v 1955 (*Rotularia leptostoma* [GABB]) W. J. SCHMIDT 1955a, p. 73—74, Taf. 8, Fig. 1 — 6.
(3) v *1955* (*Rotularia leptostoma* [GABB]) W. J. SCHMIDT 1955b, p. 42.
(4) v *1955* (*Rotularia leptostoma* [GABB]) W. J. SCHMIDT 1955c, p. 176.

Typus: Holotypus W. M. GABB 1860, Taf. 67, Fig. 36; Acad. Nat. Scienc. Philadelphia, Cat.-Nr. ANSP 15933.

Diagnose: W. M. GABB 1860, p. 385 „Discoid: whorls three, carinated and partly enveloping the preceeding whorl; mouth contracted, circular and advanced at a tangent from the subjacent whorl; surface marked by irregular undulating transverse striae. Dimensions — Diameter 0,3 inch."

Locus typicus: Wheelock, Texas, USA.

Stratum typicum: Glaukonitsandstein des Mitteleozän.

Verbreitung: (2—4) Oberes Untereozän: Sonnberg bei Guttaring, Kärnten (selten); Mitteleozän: Mattsee, Sbg. (selten).

Außerhalb Österreichs: Mitteleozän (USA).

Aufbewahrung: (2—4) Geol.-Paläont. Abt. Naturhist. Mus.

Rotularia pseudospirulaea (Oppenheim), 1901

(1) * 1901 (*Serpula [Rotularia] pseudospirulaea* Oppenheim) P. Oppenheim 1901, p. 149 Taf. 11, Fig. 3—5a.
(2) . *1904* (*Serpula [Rotularia] pseudospirulaea* Oppenheim) G. Rovereto 1904, p. 63.
(3) v *1955* (*Rotularia pseudospirulaea* [Oppenheim]) W. J. Schmidt 1955a, p. 74—75, Taf. 8, Fig. 12—14.
(4) v *1955* (*Rotularia pseudospirulaea* [Oppenheim]) W. J. Schmidt 1955b, p. 42.
(5) v *1955* (*Rotularia pseudospirulaea* [Oppenheim]) W. J. Schmidt 1955c, p. 176.

Typus: Lectotypus P. Oppenheim 1901, Taf. 11, Fig. 5a, nach W. J. Schmidt 1955a, Taf. 8, Fig. 12; Geol. Dept. Hebr. Univ. Jerusalem, Inv.-Nr. 20595.

Diagnose: W. J. Schmidt 1955a, p. 74 nach der Beschreibung von P. Oppenheim 1901, p. 149 „Eine Art der Gattung *Rotularia* Defrance mit mindestens vier scharfen Kielen, von denen sich stets zwei auf dem Rücken der ziemlich flachen Windungen befinden."

Locus typicus: Sittenberg bei Guttaring, Kärnten.

Stratum typicum: Oberes Untereozän (P. Oppenheim 1901b „Mitteleozän").

Verbreitung: (1—5) Oberes Untereozän: Sittenberg bei Guttaring, Kärnten (häufig).
Außerhalb Österreichs: Eozän (Ägypten).

Aufbewahrung: (1, 2) Geol. Dept. Hebr. Univ. Jerusalem; (3—5) Geol.-Paläont. Abt. Naturhist. Mus. Wien.

Rotularia spirulaea (Lamarck), 1818

(1) * 1818 (*Serpula spirulaea* Lamarck) J. B. Lamarck 1818, p. 366.
(2) . *1858* (*Serpula spirulaea* Lamarck) F. Hauer 1858, p. 121.
(3) . *1901* (*Serpula [Rotularia] spirulaea* [Lamarck]) P. Oppenheim 1901, p. 277.
(4) . *1904* (*Serpula spirulaea* Lamarck) E. Fugger 1904, p. 339, 345.
(5) . *1904* (*Serpula nummularia* Schlotheim) E. Fugger 1904, p. 345.
(6) . *1938* (*Serpula spirulaea* Lamarck) F. Traub 1938, p. 21.
(7) v *1953* (*Serpula [Rotularia] spirulaea* [Lamarck]) R. Sieber 1953, p. 367.
(8) v *1955* (*Rotularia spirulaea* [Lamarck]) W. J. Schmidt 1955a, p. 75—78, Taf. 8, Fig. 15—19.
(9) v *1955* (*Rotularia spirulaea* [Lamarck]) W. J. Schmidt 1955b, p. 42.
(10) v *1955* (*Rotularia spirulaea* [Lamarck]) W. J. Schmidt 1955c, p. 177.
(11) v *1968* (*Rotularia spirulaea* [Lamarck]) W. J. Schmidt 1968, p. 61.

Typus: Holotypus J. B. Lamarck 1818, p. 366; Aufbewahrung unbekannt (nicht Mus. Hist. Nat. Genève, Mus. Hist. Nat. Paris).

Diagnose: J. B. Lamarck 1818, p. 366 „Testa compressa, laeviuscula, subinaequali, in spiram discoideam margine acutam contorta; antica extremitate disfuncta."

Locus typicus: Umgebung Bayonne-Montbart, Frankreich.

Stratum typicum: Eozän.

Verbreitung: (2, 6) Mitteleozän: St. Pankraz bei Laufen, Sbg. (mittel); (3) Oberes Untereozän: Sittenberg bei Guttaring, Kärnten (häufig); (4a) Mitteleozän: Gschliefgraben, OÖ. (mittel); (4b, 5) Eozän: Gütlbauer bei Oberweis, OÖ. (mittel); (7) Eozän: Reingruberhöhe bei Bruderndorf, NÖ. (selten); (8—10) Oberes Untereozän: Sonnberg bei Guttaring, Kärnten (häufig); Mitteleozän: Gschliefgraben, OÖ. (mittel), Mattsee, Sbg. (selten), Ohlsdorf, OÖ. (selten), Reinthal bei Gmunden, OÖ. (selten), Scharnstein bei Grünau, OÖ. (selten), Bruderndorf, NÖ. (mittel); Mitteleozän bis Obereozän: Kleinkogel, Stmk. (häufig); (11) Mitteleozän: Elendgraben bei Großgmain, Sbg. (mittel), Mattsee, Sbg. (mittel); Obereozän: Bohrung Perwang 1, OÖ. (selten).

Außerhalb Österreichs: Eozän (Deutschland, Frankreich, Indien, Italien); Unteroligozän? (Italien).

Aufbewahrung: (2, 7) Geol. Bundesanst. Wien; (3) Geol. Dept. Hebr. Univ. Jerusalem; (4, 5) OÖ. Landesmus. Linz an der Donau; (6) Geol.-Paläont. Abt. Bayer. Staatssamml. München; (8—10, 11a, b) Geol.-Paläont. Abt. Naturhist. Mus. Wien; (11c) Rohölgew. A.G. Wien.

Genus: *Spirorbis* DAUDIN, 1800
Subgenus: *Spirorbis (Dexiospira)* CAULLERY & MESNIL, 1897

Spirorbis (Dexiospira) bilineatus W. J. SCHMIDT, 1951

(1) * 1951 (*Spirorbis [Dexiospira] bilineatus* W. J. SCHMIDT) W. J. SCHMIDT 1951a, p. 83, Abb. 9.

(2) v 1955 (*Spirorbis [Dexiospira] bilineatus* W. J. SCHMIDT) W. J. SCHMIDT 1955a, p. 78, Taf. 8, Fig. 20, 21.

(3) v *1955* (*Spirorbis [Dexiospira] bilineatus* W. J. SCHMIDT) W. J. SCHMIDT 1955b, p. 41.

Typus: Holotypus W. J. SCHMIDT 1951a, Abb. 9; Geol.-Paläont. Abt. Naturhist. Mus. Wien, Inv.-Nr. 387/1960.

Diagnose: W. J. SCHMIDT 1951a, p. 83 „Eine Art der Untergattung *Spirorbis (Dexiospira)* CAULLERY & MESNIL, deren Röhre starke, dicht stehende, nach rückwärts konvexe Querrunzeln besitzt, die an der Röhrenoberseite jeweils zu zwei knotigen Längsreihen aufgewölbt sind."

Locus typicus: Neulerchenfeld, Wien.

Stratum typicum: Sande des Sarmat.

Verbreitung: (1—3) Sarmat: Mühldorf im Lavanttal, Kärnten (selten), Neulerchenfeld, Wien (selten), Pötzleinsdorf, Wien (selten).

Außerhalb Österreichs nicht beschrieben.

Aufbewahrung: (1—3) Geol.-Paläont. Abt. Naturhist. Mus. Wien.

Spirorbis (Dexiospira) commutatus (ROVERETO), 1904

(1) v 1895 (*Spirorbis simplex* [non GRUBE] ROVERETO) G. ROVERETO 1895, p. 154, Taf. 9, Fig. 16.

(2) * 1904 (*Spirorbis commutatus* ROVERETO) G. ROVERETO 1904, p. 59.

(3) v 1955 (*Spirorbis [Dexiospira] commutatus* [ROVERETO]) W. J. SCHMIDT 1955a, p. 78—79, Taf. 8, Fig. 22, 23.

(4) v *1955* (*Spirorbis [Dexiospira] commutatus* [ROVERETO]) W. J. SCHMIDT 1955b, p. 41.

Typus: Holotypus G. ROVERETO 1895, Taf. 9, Fig. 16; Geol.-Paläont. Abt. Naturhist. Mus. Wien, Inv.-Nr. 386/1960.

Diagnose: G. ROVERETO 1895, p. 154 „Disco piano destrorsa senza ornamentazioni; giri tre, diam. 1 mm."

Locus typicus: Neulerchenfeld, Wien.
Stratum typicum: Sande des Sarmat.
Verbreitung: (1, 2) Sarmat: Neulerchenfeld, Wien (selten); (3, 4) Sarmat: Neulerchenfeld, Wien (selten), Paasdorf, NÖ. (selten).
Außerhalb Österreichs nicht beschrieben.
Aufbewahrung: (1—4) Geol.-Paläont. Abt. Naturhist. Mus. Wien.

Spirorbis (Dexiospira) heliciformis (EICHWALD), 1830

(1) * 1830 (Spirorbis heliciformis EICHWALD) E. EICHWALD 1830, p. 198.
(2) . 1853 (Spirorbis heliciformis EICHWALD) E. EICHWALD 1853, p. 52, Taf. 3, Fig. 11 a, b.
(3) . 1874 (Spirorbis heliciformis EICHWALD) M. HÖRNES 1874, p. 39.
(4) v 1895 (Spirorbis heliciformis EICHWALD) G. ROVERETO 1895, p. 154, Taf. 9, Fig. 18.
(5) v 1904 (Spirorbis heliciformis EICHWALD) G. ROVERETO 1904, p. 59.
(6) v 1939 (Spirorbis heliciformis EICHWALD) A. PAPP 1939, p. 334.
(7) v 1955 (Spirorbis [Dexiospira] heliciformis [EICHWALD]) W. J. SCHMIDT 1955a, p. 79—80, Taf. 8, Fig. 24—26.
(8) v 1955 (Spirorbis [Dexiospira] heliciformis [EICHWALD]) W. J. SCHMIDT 1955b, p. 43.
(9) v 1960 (Spirorbis [Dexiospira] heliciformis [EICHWALD]) O. KÜHN & H. SCHAFFER 1960, p. 77—78.

Typus: Lectotypus E. EICHWALD 1853, Taf. 3, Fig. 11b nach W. J. SCHMIDT 1955a, Taf. 8, Fig. 24; Samml. E. EICHWALD zu Lethaea Rossica im Inst. Hist. Geol. Univ. Leningrad, Nr. 3/72.
Diagnose: E. EICHWALD 1830, p. 198 „Tubus minimus, per longitudinem tenuiter sulcatus, in una planitie contortus, ultimo anfractu maximo, inferior facies laevis adglutinaeus, centro tamen perforato." E. EICHWALD 1853, p. 52 „Tubulo minimo spiraliter contorto, costis longitudinalibus ornato, sulcis inter costas transversim striatis, anfractibus sensim majoribus ac varias planietis occupantibus, basique laevi fixis; latitudo vix linearis."
Locus typicus: Nicht geklärt zwischen Mendzibosh, Novo Constantinowo, Tarnaruda, Zalisce, Zukowce, Rußland.
Stratum typicum: Sarmat.
Verbreitung: (3) Sarmat: Wiener Becken (selten); (4, 5) Sarmat: Neulerchenfeld, Wien (selten), Ritzing, Bgld. (selten); (6) Sarmat: Wiesen, Bgld. (selten); (7, 8) Sarmat: Forchtenau, Bgld. (mittel), Liesing, Wien (mittel), Mühldorf im Lavanttal, Kärnten (mittel), Neulerchenfeld, Wien (mittel), Paasdorf, NÖ. (häufig), Pirawarth, NÖ. (mittel), Pötzleinsdorf, Wien (mittel), Ritzing, Bgld. (häufig), Vöslau, NÖ. (häufig), Wiesen, Bgld. (häufig); (9) Sarmat: Hernals, Wien (mittel).
Außerhalb Österreichs: Sarmat (Rumänien, Rußland).
Aufbewahrung: (3—5, 7, 8) Geol.-Paläont. Abt. Naturhist. Mus. Wien; (6, 9) Paläont. Inst. Univ. Wien.

Spirorbis (Dexiospira) hisingeri (LUNDGREN), 1891

(1) . 1831 (Serpula lituus?) W. HISINGER 1831, p. 134, Taf. 3, Fig. 6.
(2) . 1837 (Serpula lituus [SCHLOTHEIM]) W. HISINGER 1837, p. 20, Taf. 4, Fig. 8.
(3) * 1891 (Serpula hisingeri LUNDGREN) B. LUNDGREN 1891, p. 118.
(4) . 1960 (Spirorbula hisingeri [LUNDGREN]) O. KÜHN 1960, p. 164.

Bemerkung: Bei Serpula lituus? und Serpula lituus (SCHLOTHEIM) statt Serpula lithuus (SCHLOTHEIM) handelt es sich zweifellos nur um Druckfehler.

Typus: Holotypus W. HISINGER 1831, Taf. 3, Fig. 6, reproduziert in W. HISINGER 1837, Taf. 4, Fig. 8 (G. REGNÉLL brieflich); wahrscheinlich verloren (nicht Mus. Högre Allmänna Läroverket Visby, von wo ihn G. LINDSTRÖM 1888 erwähnt, nicht Paleozool. Sekt. Naturhist. Riksmus. Stockholm, wo sich die meisten Originale von HISINGER befinden).

Diagnose: Fehlt in W. HISINGER 1831 (G. REGNÉLL brieflich); W. HISINGER 1837, p. 20 „Testa discoidea subumbilicata, anfractibus contiguis; ultimo in baculo recto lineari prolongata."

Locus typicus: Ungeklärt. W. HISINGER 1831 (G. REGNÉLL brieflich) und 1837 gibt als Fundort das Silur von Klinteberg, Gotland, Schweden, was jedoch schon G. LINDSTRÖM 1888 als unrichtig bezeichnet, und einen Fundort vom Dan in Scania (Skåne), Schweden, vermutet. Alle weiteren Autoren schließen sich dem an. Die Annahme von dänischen Erratica auf Gotland als Ursprung ist nach G. REGNÉLL (brieflich) nicht möglich. K. B. NIELSEN 1931 beschreibt die Art aus Schweden von Ystad.

Stratum typicum: Von HISINGER als Silur angenommen, von allen Folgeautoren korrigiert zu Kreide, insbesondere Jüngerem Dan.

Verbreitung: (4) Dan: Bruderndorf, NÖ. (selten).

Außerhalb Österreichs: Dan (Dänemark, Schweden); Paleozän? möglicherweise aufgearbeitetes Dan (S. FLORIS brieflich) (Schweden).

Aufbewahrung: (4) Paläont. Inst. Univ. Wien.

Spirorbis (Dexiospira) serratus (NIELSEN), 1931

(1) * 1931 (*Spirorbula serrata* NIELSEN) K. B. NIELSEN 1931, p. 105—106, Taf. 2, Fig. 32.
(2) . 1960 (*Spirorbula serrata* NIELSEN) O. KÜHN 1960, p. 164.

Typus: Holotypus K. B. NIELSEN 1931, Taf. 2, Fig. 32; Min. Geol. Mus. Univ. Kopenhagen, Inv.-Nr. MMH no. 3964.

Diagnose: K. B. NIELSEN 1931, p. 105—106 „An ordinary spirally enrolled tube only raising a little above its generally narrow basis (fixed upon small *Bryozoa* branches). Externally it is covered with longotudinal lists, the upper end of which are serrated. The lists are partly big, protruding ones (ca. 5), partly smaller ones lying in the furrows between the bigger ones. At the aperture the entire number of lists amounts to about twelve. The under side of the tube, nearest the surface of attachment, is more or less smooth. Umbilicus rather deep, showing but few whorls. Aperture circular, The species somewhat reminds of *S. corrugata* Br. N. but the ornamentation of the latter is far less conspicuous."

Locus typicus: Herføgle, Dänemark.

Stratum typicum: Bryozoënkalkstein des Jüngeren Dan.

Verbreitung: (2) Dan: Bruderndorf, NÖ. (selten).

Außerhalb Österreichs: Jüngeres Dan (Dänemark).

Aufbewahrung: (2) Paläont. Inst. Univ. Wien.

Subgenus: **Spirorbis (Laeospira)** CAULLERY & MESNIL, 1897

Spirorbis (Laeospira) declivis (REUSS), 1860

(1) * 1860 (*Spirorbis declivis* REUSS) A. E. REUSS 1860, p. 226, Taf. 3, Fig. 12a, b.
(2) v 1955 (*Spirorbis* [*Laeospira*] *declivis* [REUSS]) W. J. SCHMIDT 1955a, p. 80—81, Taf. 8, Fig. 27, 28.

(3) v *1955* (*Spirorbis* [*Laeospira*] *declivis* [REUSS]) W. J. SCHMIDT 1955b, p. 41.

Typus: Holotypus A. E. REUSS 1860, Taf. 3, Fig. 12a, b; Geol.-Paläont. Abt. Naturhist. Mus. Wien, Inv.-Nr. 1859/X/128.

Diagnose: A. E. REUSS 1860, p. 226 „Die Schale dieser sehr kleinen, auf Austernschalen aufgewachsenen Species ähnelt sehr der *Serpula umbiliciformis* GOLDFUSS von Astrupp. Sie stellt eine aufgewachsene spirale Röhre von dreiseitigem Querschnitte, oben enge genabelt, dar. Auf dem schmalen Rücken der Röhre verläuft ein schmaler rundlicher Kiel, jederseits von einer feinen Furche begrenzt. Die nach innen gelegene ist etwas breiter und wird einwärts von einer feinen Leiste eingefaßt. Die Seitenwände der Röhre fallen nach außen steil ab. Mit bewaffnetem Auge bemerkt man auf ihnen und in den vorerwähnten Furchen äußerst feine Querlinien, die dem Rande der aufgewachsenen Basis zunächst in kleine Fältchen übergehen. Die Mündung vollkommener Exemplare ist etwas aufgerichtet, rund und verengt."

Locus typicus: Rudelsdorf, Tschechoslowakei.

Stratum typicum: Torton.

Verbreitung: (2, 3) Torton: Mühldorf im Lavanttal, Kärnten (selten), Nußdorf, Wien (selten).
Außerhalb Österreichs: Torton (Tschechoslowakei).

Aufbewahrung: (2, 3) Geol.-Paläont. Inst. Univ. Wien.

Spirorbis (Laeospira) spirorbis (LINNAEUS), 1758

(1) * 1758 (*Serpula spirorbis* LINNAEUS) C. LINNAEUS 1758, p. 787.
(2) . *1848* (*Spirorbis nautiloides* LAMARCK) M. HÖRNES 1848, p. 30.
(3) v 1955 (*Spirorbis* [*Laeospira*] *spirorbis* [LINNAEUS]) W. J. SCHMIDT 1955a, p. 81—82, Taf. 8, Fig. 29—31.
(4) v 1968 (*Spirorbis* [*Laeospira*] *spirorbis* [LINNAEUS]) W. J. SCHMIDT 1968, p. 61.

Typus: Holotypus C. LINNAEUS 1758, p. 787; Aufbewahrung unbekannt (nicht Brit. Mus. Nat. Hist. London, Coll. Linnean Soc. London, Mus. Ludovicae Ulricae Univ. Uppsala).

Diagnose: C. LINNAEUS 1758, p. 787 „*S.* testa regulari spirali orbiculata, anfractibus supra introrsum subcanaliculatis sensimque minoribus." J. B. P. A. LAMARCK 1838, p. 613 „Testa discoidea, subumbilicata, anfractibus supra rotundatis, laevibus, subrugosis."

Locus typicus: C. LINNAEUS 1758, p. 787 „In oceani et pelagi."

Stratum typicum: Rezent.

Verbreitung: (2) Torton: Baden, NÖ. (selten); (3, 4) Torton: Baden, NÖ. (selten), Mühldorf im Lavanttal, Kärnten (selten), Pfaffstätten, NÖ. (selten); Sarmat: Pötzleinsdorf, Wien (mittel), Wiesen, Bgld. (mittel); (4) Sarmat: Vöslau, NÖ. (mittel).
Außerhalb Österreichs: Pliozän, Pleistozän (Italien); Rezent (Arktik, Atlantik, Mittelmeer, Nordsee).

Aufbewahrung: (2, 3) Geol.-Paläont. Abt. Naturhist. Mus. Wien; (4) Paläont. Inst. Univ. Wien.

Spirorbis (Laeospira) sulcatus (Nielsen), 1931

(1) * 1931 (*Spirorbula sulcata* Nielsen) K. B. Nielsen 1931, p. 106, Taf. 3, Fig. 6, 7.
(2) . 1960 (*Spirorbula sulcata* Nielsen) O. Kühn 1960, p. 164.

Typus: Holotypus K. B. Nielsen 1931, Taf. 3, Fig. 6, 7; Min. Geol. Mus. Univ. Kopenhagen, Inv.-Nr. MMH no. 3968.

Diagnose: K. B. Nielsen 1931, p. 106 „The whorled tube forms a regular, low spiral that has only a very small surface of attachment. The surface of the tube is smooth, but along the dorsal side is a longitudinal, deep furrow, flanked by tall, sharp crests. The tube has not generally any projecting part; but the extreme part of the tube may protrude freely. Aperture circular; but on account of the dorsal furrow and the sharp crests of the latter, there are two crooked teeth above the margin of the aperture."

Locus typicus: Rejstrup, Dänemark.
Stratum typicum: Bryozoënkalk des Jüngeren Dan.
Verbreitung: (2) Dan: Bruderndorf, NÖ. (selten).
Außerhalb Österreichs: Dan (Dänemark).
Aufbewahrung: (2) Paläont. Inst. Univ. Wien.

Spirorbis (Laeospira) umbiliciformis (Goldfuss), 1826

(1) * 1826 (*Serpula umbiliciformis* Goldfuss) A. Goldfuss 1826, p. 240, Taf. 71, Fig. 7a, b.
(2) v 1895 (*Spirorbis umbiliciformis* [Goldfuss]) G. Rovereto 1895, p. 153, Taf. 9, Fig. 17.
(3) v *1898* (*Spirorbis umbiliciformis* [Goldfuss]) G. Rovereto 1898, p. 88.
(4) v *1904* (*Spirorbis umbiliciformis* [Goldfuss]) G. Rovereto 1904, p. 58.
(5) v 1955 (*Spirorbis [Laeospira] umbiliciformis* [Goldfuss]) W. J. Schmidt 1955a, p. 82—83, Taf. 8, Fig. 32.
(6) v *1955* (*Spirorbis [Laeospira] umbiliciformis* [Goldfuss]) W. J. Schmidt 1955b, p. 43.

Typus: Lectotypus A. Goldfuss 1826, Taf. 71, Fig. 7b nach W. J. Schmidt 1955a, Taf. 8, Fig. 32; Aufbewahrung unbekannt (nicht Bayer. Staatssamml. Paläont. München, Paläont. Inst. Univ. Bonn, München, Geol.-Paläont. Inst. Univ. Münster, Mus. Osnabrück, Senckenberg Mus. Frankfurt am Main).

Diagnose: A. Goldfuss 1826, p. 240 „*Serpula* testa sinistrorsum in discum umbilicatum regularem convoluta affixa carinata, carina acuta, orificio orbiculari."

Locus typicus: Astrup bei Osnabrück, Deutschland.
Stratum typicum: Mergel des Tertiär.
Verbreitung: (2—4) Torton: Vöslau, NÖ. (selten); (5, 6) Torton: Mühldorf im Lavanttal, Kärnten (selten), Vöslau, NÖ. (selten).
Außerhalb Österreichs: Tertiär (Deutschland).
Aufbewahrung: (2—6) Geol.-Paläont. Abt. Naturhist. Mus. Wien.

Subordo: **Spiomorpha** HEMPELMANN, 1934

Familia: *Spionidae* GRUBE, 1851

Genus: *Polydora* BOSC, 1802

Polydora ciliata (JOHNSTON), 1838

(1) * 1838 (*Leucodore ciliatus* JOHNSTON) G. JOHNSTON 1838, p. 67, Taf. 3, Fig. 1—6 (nach G. JOHNSTON 1865, p. 205).
(2) . 1865 (*Leucodore ciliatus* JOHNSTON) G. JOHNSTON 1865, p. 205, Taf. 18, Fig. 1—6.
(3) v 1935 (*Polydora ciliata* (JOHNSTON) O. ABEL 1935, p. 289, Abb. 261a.
(4) . 1944 (*Polydora ciliata* [JOHNSTON]) A. F. TAUBER 1944, p. 166, 167.
(5) v 1949 (*Polydora ciliata* [JOHNSTON]) A. PAPP 1949, p. 670.
(6) v 1955 (*Polydora ciliata* [JOHNSTON]) W. J. SCHMIDT 1955a, p. 29, Taf. 2, Fig. 3.

Bemerkungen: Bei dem aus Österreich beschriebenen Material handelt es sich um U-förmige Bohrgänge, Durchmesser um 1 mm, in Schnecken- und Muschelschalen, die auf *Polydora ciliata* bezogen werden.

Verbreitung: (3) Eozän: Baunzen bei Purkersdorf, NÖ. (selten); (4) Torton: Baden, NÖ. (mittel), Gainfarn, NÖ. (häufig), Pötzleinsdorf, Wien (mittel), Vöslau, NÖ. (häufig); (5) Helvet: Wiener Becken (häufig); (6) Helvet: Stetten, NÖ. (selten); Torton: Baden, NÖ. (mittel), Gainfarn, NÖ. (mittel), Niederleis, NÖ. (selten), Pötzleinsdorf, Wien (mittel), Vöslau, NÖ. (mittel).

Außerhalb Österreichs: Tertiär, Quartär (Italien); Rezent (weltweit marin).

Aufbewahrung: (3—6) Paläont. Inst. Univ. Wien.

Polydora hoplura CLAPARÈDE, 1870

(1) * 1870 (*Polydora hoplura* CLAPARÈDE) E. CLAPARÈDE 1870, p. 58—59, Taf. 22, Fig. 2.
(2) v 1935 (*Polydora hoplura* CLAPARÈDE) O. ABEL 1935, p. 459, Abb. 384.
(3) . 1944 (*Polydora hoplura* CLAPARËDE) A. F. TAUBER 1944, p. 166, 167.
(4) v 1949 (*Polydora hoplura* CLAPARÈDE) A. PAPP 1949, p. 670.
(5) v 1955 (*Polydora hoplura* CLAPARÈDE) W. J. SCHMIDT 1955a, p. 30, Taf. 2, Fig. 4.

Bemerkung: Bei dem aus Österreich beschriebenen Material handelt es sich um U-förmige Bohrgänge, Durchmesser 2—4 mm, in Schnecken- und Muschelschalen, die auf *Polydora hoplura* bezogen werden.

Verbreitung: (2) Torton: Nodendorf, NÖ. (mittel); (3) Torton: Baden, NÖ. (häufig), Gainfarn, NÖ. (häufig), Vöslau, NÖ. (häufig); (4) Helvet: Wiener Becken (häufig); (5) Helvet: Stetten, NÖ. (häufig); Torton: Baden, NÖ. (selten), Gainfarn, NÖ. (selten), Mattner Sandgrube bei Klein Hadersdorf, NÖ. (mittel), Niederleis, NÖ. (mittel) Nodendorf, NÖ. (mittel), Vöslau, NÖ. (selten).

Außerhalb Österreichs: Tertiär (England, Frankreich, Italien); Quartär (Italien); Rezent (weltweit marin).

Aufbewahrung: (2—5) Paläont. Inst. Univ. Wien.

Genus: *Taonurus* FISCHER-OOSTER, 1858

Taonurus sp.

(1) 1935 (*Taonurus* sp.) O. ABEL 1935, p. 441, 443, Abb. 364, 367.
(2) 1955 (*Taonurus* sp.) W. J. SCHMIDT 1955a, p. 30, Taf. 2, Fig. 5.
(3) 1968 (*Taonurus* sp.) W. J. SCHMIDT 1968, p. 62.

Bemerkung: Es handelt sich um ein Problematikum, das spiralige, gekrümmte Flächen, in regelmäßigen Abständen von einer Zentralachse ausgehend, zeigt und das mit Vorbehalt zur Familie *Spionidae* gestellt wird.

Verbreitung: (1a) Oberkreide: Mühlberg bei Purkersdorf, NÖ. (selten); (1b, 2) Eozän: Tullnerbach, NÖ. (selten); (3) Oberkreide: Grünbach, NÖ. (mittel), Maiersdorf bei Grünbach, NÖ. (mittel).

Ähnliche Formen weltweit in verschiedenen Altersstufen.

Aufbewahrung: (1—3) Paläont. Inst. Univ. Wien.

Subordo: *Terebellomorpha* HEMPELMANN, 1934

Familia: *Amphictenidae* MALMGREN, 1866

Genus: *Pectinaria* LAMARCK, 1801

Pectinaria sp.

(1) v 1941 (*Pectinaria* sp.) A. PAPP 1941, p. 320, Abb. 3.
(2) v 1955 (*Pectinaria* sp.) W. J. SCHMIDT 1955a, p. 30, Taf. 2, Fig. 7.

Bemerkung: Es handelt sich um aus Quarzkörnchen agglutinierte Röhren, die *Pectinaria* zugeschrieben werden.

Verbreitung: (1, 2) Sarmat: Höllischgraben bei St. Anna, Stmk. (selten). Ähnliche Formen rezent weltweit marin.

Aufbewahrung: (1, 2) Paläont. Inst. Univ. Wien.

Familia: *Terebellidae* GRUBE, 1851

Genus: *Arthrophycus* HALL, 1852

Arthrophycus sp.

(1) 1935 (*Arthrophycus* sp.) O. ABEL 1935, p. 476, Abb. 401.
(2) 1955 (*Arthrophycus* sp.) W. J. SCHMIDT 1955a, p. 30, Taf. 2, Fig. 7.
(3) 1965 (*Arthrophycus* sp.) W. HÄNTZSCHEL 1965, p. 11.

Bemerkung: Es handelt sich um agglutinierte Röhren, die *Arthrophycus* zugeschrieben werden.

Verbreitung: (1, 2, 3) Helvet: Schleißheim bei Wels, OÖ. (selten). Ähnliche Formen weltweit in verschiedenen Altersstufen ab Silur.

Aufbewahrung: (1, 2, 3) Paläont. Inst. Univ. Wien.

Genus: *Lanice* MALMGREN, 1866

Lanice sp.

(1) v 1941 (*Lanice* sp.) A. PAPP 1941, p. 320, Abb. 1, 2.
(2) v 1955 (*Lanice* sp.) W. J. SCHMIDT 1955a, p. 31, Taf. 2, Fig. 8.

Bemerkung: Es handelt sich um vorwiegend aus Foraminiferenschälchen agglutinierte Röhren, die *Lanice* zugeschrieben werden.

Verbreitung: (1) Sarmat: Rosenberg bei Tischen, Stmk. (selten); (2) Sarmat: Bohrung Enzersdorf, NÖ. (mittel), Gleichenberg, Stmk. (selten), Ödes Kloster bei Bruck an der Leitha, NÖ. (mittel), Rosenberg bei Tischen, Stmk. (selten), Waldhof bei Wetzelsdorf, NÖ. (mittel).
Ähnliche Formen weltweit in verschiedenen Altersstufen.

Aufbewahrung: (1, 2) Paläont. Inst. Univ. Wien.

Verzeichnis der angeführten Gattungen, Untergattungen, Arten und Unterarten

Arenicola LAMARCK, p. 6.
Arenicola sp., p. 6.
Arenicolites sp. bei *Arenicola* sp., p. 6.
Arthrophycus HARLAN, p. 42.
Arthrophycus sp., p. 42.

Dentalium corneum LINNAEUS = *Ditrupa cornea* (LINNAEUS), p. 13.
Dentalium entali LINNAEUS bei *Ditrupa cornea* (LINNAEUS), p. 13.
Dentalium incurvum RENIER bei *Ditrupa cornea* (LINNAEUS), p. 13.
Ditrupa BERKELEY, p. 13.
Ditrupa cornea (LINNAEUS), p. 13, auch bei *Ditrupa transsilvanica* (MEZNERICS), p. 14.
Ditrupa moldica W. J. SCHMIDT, p. 13.
Ditrupa transsilvanica MEZNERICS, p. 14.

Eupomatus pectinatus PHILIPPI = *Hydroides pectinata* (PHILIPPI), p. 14.

Hydroides GUNNERUS, p. 14.
Hydroides pectinata (PHILIPPI), p. 14.

Josephella CAULLERY & MESNIL, p. 7.
Josephella angulatella W. J. SCHMIDT, p. 7.
Josephella carinthiaca W. J. SCHMIDT, p. 7.
Josephella? carinthiaca W. J. SCHMIDT = *Josephella carinthiaca* W. J. SCHMIDT, p. 7.
Josephella kühni W. J. SCHMIDT, p. 8.
Josephella kühni simplicissima W. J. SCHMIDT, p. 8.
Josephella prima W. J. SCHMIDT = *Josephella kühni* W. J. SCHMIDT, p. 8.

Lanice MALMGREN, p. 42.
Lanice sp., p. 42.
Leucodore ciliatus JOHNSTON = *Polydora ciliata* (JOHNSTON), p. 40.

Mercierella FAUVEL, p. 15.
Mercierella dubiosa W. J. SCHMIDT, p. 15.
Mercierella? dubiosa W. J. SCHMIDT = *Mercierella dubiosa* W. J. SCHMIDT, p. 15.
Mercierella roveretoi W. J. SCHMIDT, p. 16.
Microtubus E. FLÜGEL, p. 16.
Microtubus communis E. FLÜGEL, p. 17.

Pectinaria LAMARCK, p. 42.
Pectinaria sp., p. 42.
Phylum Vermes Form D bei *Microtubus communis* E. FLÜGEL, p. 17.
Placostegus PHILIPPI, p. 18.
Placostegus polymorphus ROVERETO, p. 18.
Polydora BOSC, p. 40.
Polydora ciliata (JOHNSTON), p. 40.
Polydora hoplura CLAPARÈDE, p. 40.
Pomatoceros PHILIPPI, p. 18.
Pomatoceros dentatus W. J. SCHMIDT, p. 18.
Pomatoceros triqueter (LINNAEUS), p. 19.
Pomatoceros (Serpula) triqueter (LINNAEUS) = *Pomatoceros triqueter* (LINNAEUS), p. 19.
Pomatostegus SCHMARDA, p. 19.
Pomatostegus comatus (ROVERETO), p. 19.
Problematikum 1 bei *Microtubus communis* E. FLÜGEL, p. 17.

Protula Risso, p. 9.
Protula canavarii Rovereto, p. 9.
Protula crassa (non Sowerby) (Bellardi) = *Protula extensa* (Solander), p. 9.
Protula extensa (Brander) = *Protula extensa* (Solander), p. 9.
Protula extensa (Solander), p. 9.
Protula firma (Seguenza) bei *Protula protensa* (Linnaeus), p. 11.
Protula firma tortoniana (Rovereto) = *Protula protensa tortoniana* (Rovereto), p. 11.
Protula intestinum (Lamarck), p. 10, auch bei *Hydroides pectinata* (Philippi), p. 14, *Protula canavarii* Rovereto, p. 9.
Protula intestinum grundica W. J. Schmidt, p. 10.
Protula isseli Rovereto, p. 10.
Protula protensa (Linnaeus), p. 11.
Protula protensa tortoniana (Rovereto), p. 11.
Protula simplex (Lea), p. 12.
Protula tubularia Montfort bei *Protula protensa* (Linnaeus), p. 11, *Protula protensa tortoniana* (Rovereto), p. 11.
Protula vincenti Rovereto, p. 12.

Rotularia Defrance, p. 33.
Rotularia clymenioides (Guppy), p. 33.
Rotularia leptostoma (Gabb), p. 33.
Rotularia pseudospirulaea (Oppenheim), p. 34.
Rotularia spirulaea (Lamarck), p. 34.

Serpula Linnaeus, p. 20.
Serpula sp. bei *Hydroides pectinata* (Philippi), p. 14, *Protula vincenti* Rovereto, p. 12, *Serpula aff. filaria* Goldfuss, p. 22.
Serpula anfracta Goldfuss bei *Serpula discohelix subanfracta* Rovereto, p. 21.
Serpula? anfracta Goldfuss bei *Serpula discohelix subanfracta* Rovereto, p. 21.
Serpula carinella (non Sowerby) Reuss = *Serpula reussi* Rovereto, p. 27.
Serpula comata (Rovereto) = *Pomatostegus comatus* (Rovereto), p. 19.
Serpula corrugata (non Linck) Goldfuss = *Serpula subpacta* Rovereto, p. 29.
Serpula corrugata (non Linck, non Goldfuss) Nielsen bei *Spirorbis (Dexiospira) serratus* (Nielsen), p. 37.
Serpula crispata Reuss, p. 20.
Serpula curvata W. J. Schmidt, p. 21.
Serpula discohelix Seguenza, p. 21.
Serpula discohelix subanfracta Rovereto, p. 21.
Serpula elegantula Rovereto = *Vermiliopsis elegantula* (Rovereto), p. 32.
Serpula fastigiata (Eichwald), p. 22.
Serpula aff. filaria Goldfuss, p. 22.
Serpula „filosa" bei *Serpula aff. filaria* Goldfuss, p. 23.
Serpula flaccida Goldfuss, p. 23.
Serpula fuchsii Rovereto, p. 23.
Serpula gordialis (Schlotheim), p. 24.
Serpula granosa Reuss, p. 24.
Serpula gregalis Eichwald bei *Hydroides pectinata* (Philippi), p. 14.
Serpula gundavaënsis Archiac, p. 25.
Serpula hierlatzensis Stoliczka, p. 25.
Serpula hisingeri Lundgren = *Spirorbis (Dexiospira) hisingeri* (Lundgren), p. 36.
Serpula hortensis (Oppenheim), p. 25.

Serpula intestinum LAMARCK = *Protula intestinum* (LAMARCK), p. 10.
Serpula lacera REUSS, p. 26.
Serpula lithuus (SCHLOTHEIM) bei *Spirorbis (Dexiospira) hisingeri* (LUNDGREN), p. 36.
Serpula lituus (SCHLOTHEIM) = *Serpula lithuus* (SCHLOTHEIM) bei *Spirorbis (Dexiospira) hisingeri* (LUNDGREN), p. 36.
Serpula maeandrica W. J. SCHMIDT, p. 26.
Serpula manicata REUSS = *Vermilia manicata* (REUSS), p. 30.
Serpula nummularia SCHLOTHEIM bei *Rotularia spirulaea* (LAMARCK), p. 34.
Serpula protensa LINNAEUS = *Protula protensa* (LINNAEUS), p. 11, auch bei *Protula protensa tortoniana* (ROVERETO), p. 11.
Serpula quinquenodosa W. J. SCHMIDT, p. 27.
Serpula quinquesignata REUSS = *Vermilia quinquesignata* (REUSS), p. 31.
Serpula reussi ROVERETO, p. 27.
Serpula sexta W. J. SCHMIDT, p. 28.
Serpula socialis GOLDFUSS, p. 28.
Serpula spirographis GOLDFUSS, p. 28.
Serpula spirorbis LINNAEUS = *Spirorbis (Laeospira) spirorbis* (LINNAEUS), p. 38.
Serpula spirulaea LAMARCK = *Rotularia spirulaea* (LAMARCK), p. 34.
Serpula subpacta ROVERETO, p. 29.
Serpula traversa W. J. SCHMIDT, p. 29.
Serpula trinodosa W. J. SCHMIDT, p. 30.
Serpula triquetra LINNAEUS = *Pomatoceros triqueter* (LINNAEUS), p. 19.
Serpula umbiliciformis GOLDFUSS = *Spirorbis (Laeospira) umbiliciformis* (GOLDFUSS), p. 39, auch bei *Spirorbis (Laeospira) declivis* (REUSS), p. 38.
Serpula (Cycloserpula) flaccida (GOLDFUSS) = *Serpula flaccida* (GOLDFUSS), p. 23.
Serpula (Cycloserpula) socialis (GOLDFUSS) = *Serpula socialis* GOLDFUSS, p. 28.
Serpula (Pomatoceros) hortensis OPPENHEIM = *Serpula hortensis* (OPPENHEIM), p. 25.
Serpula (Protula) hortensis (OPPENHEIM) = *Serpula hortensis* (OPPENHEIM), p. 25.
Serpula (Rotularia) pseudospirulaea OPPENHEIM = *Rotularia pseudospirulaea* (OPPENHEIM), p. 34.
Serpula (Rotularia) spirulaea (LAMARCK) = *Rotularia spirulaea* (LAMARCK), p. 34.
Serpula (Vermilia?) elegantula (ROVERETO) = *Vermiliopsis elegantula* (ROVERETO), p. 32.
Serpulit bei *Hydroides pectinata* (PHILIPPI), p. 14.
Serpulites gordialis SCHLOTHEIM = *Serpula gordialis* (SCHLOTHEIM), p. 24.
Spirorbis DAUDIN, p. 35.
Spirorbis clymenioides GUPPY = *Rotularia clymenioides* (GUPPY), p. 33.
Spirorbis commutatus ROVERETO = *Spirorbis (Dexiospira) commutatus* (ROVERETO), p. 35.
Spirorbis declivis REUSS = *Spirorbis (Laeospira) declivis* (REUSS), p. 37.
Spirorbis heliciformis EICHWALD = *Spirorbis (Dexiospira) heliciformis* (EICHWALD), p. 36.
Spirorbis leptostoma GABB = *Rotularia leptostoma* (GABB), p. 33.
Spirorbis nautiloides LAMARCK bei *Spirorbis (Laeospira) spirorbis* (LINNAEUS), p. 38.
Spirorbis simplex (non GRUBE) ROVERETO = *Spirorbis (Dexiospira) commutatus* (ROVERETO), p. 35.
Spirorbis umbiliciformis (GOLDFUSS) = *Spirorbis (Laeospira) umbiliciformis* (GOLDFUSS), p. 39.
Spirorbis (Dexiospira) CAULLERY & MESNIL, p. 35.
Spirorbis (Dexiospira) bilineatus W. J. SCHMIDT, p. 35.
Spirorbis (Dexiospira) commutatus (ROVERETO), p. 35.
Spirorbis (Dexiospira) heliciformis (EICHWALD), p. 36.
Spirorbis (Dexiospira) hisingeri (LUNDGREN), p. 36.
Spirorbis (Dexiospira) serratus (NIELSEN), p. 37.

Spirorbis (Laeospira) CAULLERY & MESNIL, p. 37.
Spirorbis (Laeospira) declivis (REUSS), p. 37.
Spirorbis (Laeospira) spirorbis (LINNAEUS), p. 38.
Spirorbis (Laeospira) sulcatus (NIELSEN), p. 39.
Spirorbis (Laeospira) umbiliciformis (GOLDFUSS), p. 39.
Spirorbula hisingeri (LUNDGREN) = *Spirorbis (Dexiospira) hisingeri* (LUNDGREN), p. 36.
Spirorbula serrata NIELSEN = *Spirorbis (Dexiospira) serratus* (NIELSEN), p. 37.
Spirorbula sulcata NIELSEN = *Spirorbis (Laeospira) sulcatus* (NIELSEN), p. 39.

Taonurus FISCHER-OOSTER, p. 41.
Taonurus sp., p. 41.
Teredo simplex LEA = *Protula simplex* (LEA), p. 12.

Vermes Form D bei *Microtubus communis* E. FLÜGEL, p. 17.
Vermilia LAMARCK, p. 30.
Vermilia comata ROVERETO = *Pomatostegus comatus* (ROVERETO), p. 19.
Vermilia manicata (REUSS), p. 30, auch bei *Serpula reussi* ROVERETO, p. 27, *Vermilia quinquesignata* (REUSS), p. 31.
Vermilia quinquelineata PHILIPPI bei *Serpula fastigiata* (EICHWALD), p. 22.
Vermilia quinquesignata (REUSS), p. 31, auch bei *Serpula reussi* ROVERETO, p. 27.
Vermilia quinquesignata kienbergi W. J. SCHMIDT, p. 31.
Vermiliopsis SAINT-JOSEPH, p. 32.
Vermiliopsis elegantula (ROVERETO), p. 32.

Verzeichnis der angeführten Fundorte

Adnet bei Hallein (Kirchenbruch), Sbg.: Oberrhät: *Microtubus communis* E. FLÜGEL, p. 17.
Alpenrosenhütte, Stmk.: Rhät: *Microtubus communis* E. FLÜGEL, p. 17.
Austriaweg am Gosaukamm, OÖ.: Rhät: *Microtubus communis* E. FLÜGEL, p. 17.
Bad Hall Bohrung, OÖ.: Mitteleozän: *Protula vincenti* ROVERETO, p. 12.
Baden, NÖ.: Torton: *Ditrupa cornea* (LINNAEUS), p. 13, *Polydora ciliata* (JOHNSTON), p. 40, *Polydora hoplura* CLAPARÈDE, p. 40, *Serpula crispata* REUSS, p. 20, *Serpula granosa* REUSS, p. 24, *Serpula traversa* W. J. SCHMIDT, p. 30, *Spirorbis (Laeospira) spirorbis* (LINNAEUS), p. 38.
Basilialm, Tirol: Oberrhät: *Microtubus communis* E. FLÜGEL, p. 17.
Baunzen bei Purkersdorf, NÖ.: Eozän: *Polydora ciliata* (JOHNSTON), p. 40.
Brennhügel, NÖ.: Torton: *Serpula fastigiata* EICHWALD, p. 22.
Bruck an der Leitha, NÖ.: Sarmat: *Hydroides pectinata* (PHILIPPI), p. 15.
Bruck an der Leitha (Ödes Kloster), NÖ.: Sarmat: *Lanice* sp., p. 42.
Bruderndorf, NÖ.: Dan: *Spirorbis (Dexiospira) hisingeri* (LUNDGREN), p. 37, *Spirorbis (Dexiospira) serratus* (NIELSEN), p. 37, *Spirorbis (Laeospira) sulcatus* (NIELSEN), p. 39, Mitteleozän: *Rotularia spirulaea* (LAMARCK), p. 35, Obereozän: *Rotularia clymenioides* (GUPPY), p. 33, *Serpula hortensis* (OPPENHEIM), p. 26.
Bruderndorf (Reingruberhöhe), NÖ.: Eozän: *Rotularia spirulaea* (LAMARCK), p. 34, *Serpula hortensis* (OPPENHEIM), p. 26.
Brunn an der Schneebergbahn, NÖ.: Torton: *Ditrupa cornea* (LINNAEUS), p. 13, *Placostegus polymorphus* ROVERETO, p. 18, *Protula canavarii* ROVERETO, p. 9, *Protula isseli* ROVERETO, p. 11, *Serpula discohelix subanfracta* ROVERETO, p. 22, *Serpula trinodosa* W. J. SCHMIDT, p. 30.

Dalfaz (Torer Wand), Tirol: Oberrhät: *Microtubus communis* E. FLÜGEL, p. 17.
Deutsch Altenburg, NÖ.: Torton: *Pomatoceros triqueter* (LINNAEUS), p. 19, Sarmat: *Hydroides pectinata* (PHILIPPI), p. 15.
Dobranberg bei Klein St. Paul, Kärnten: Untereozän bis Mitteleozän: *Protula vincenti* ROVERETO, p. 12.
Donnerkogel, Großer, OÖ.: Rhät: *Microtubus communis* E. FLÜGEL, p. 17.
Donnerkogel, Kleiner, OÖ.: Rhät: *Microtubus communis* E. FLÜGEL, p. 17.
Dornbirn (Haselstauden), Vlbg.: Rupel?: *Protula extensa* (SOLANDER), p. 9.
Durchgangalpe, Sbg.: Senon: *Serpula socialis* GOLDFUSS, p. 28.

Ehrenhausen, Stmk.: Torton: *Placostegus polymorphus* ROVERETO, p. 18, *Pomatoceros triqueter* (LINNAEUS), p. 19, *Serpula subpacta* ROVERETO, p. 29.
Eibelbauer, Stmk.: Rhät: *Microtubus communis* E. FLÜGEL, p. 17.
Eichberg bei Mold, NÖ.: Burdigal: *Ditrupa moldica* W. J. SCHMIDT, p. 14.
Elendgraben bei Großgmain, Sbg.: Mitteleozän: *Protula vincenti* ROVERETO, p. 12, *Rotularia spirulaea* (LAMARCK), p. 35.
Enzesfeld, NÖ.: Torton: *Ditrupa cornea* (LINNAEUS), p. 13, *Hydroides pectinata* (PHILIPPI), p. 15, *Pomatoceros triqueter* (LINNAEUS), p. 19, *Protula protensa* (LINNAEUS), p. 11, *Protula protensa tortoniana* (ROVERETO), p. 12, *Vermilia quinquesignata kienbergi* W. J. SCHMIDT, p. 32.
Enzersdorf Bohrung, NÖ.: Sarmat: *Lanice* sp., p. 42.

Feistritz (Jungfernsprung), Stmk.: Sarmat: *Hydroides pectinata* (PHILIPPI), p. 15.
Fels am Wagram, NÖ.: Burdigal: *Ditrupa moldica* W. J. SCHMIDT, p. 14.
Forchtenau, Bgld: Sarmat: *Spirorbis (Dexiospira) heliciformis* (EICHWALD), p. 36.
Fuchsofen, Kärnten: Untereozän bis Mitteleozän: *Serpula hortensis* (OPPENHEIM), p. 26.

Gainfarn, NÖ.: Torton: *Ditrupa cornea* (LINNAEUS), p. 13, *Hydroides pectinata* (PHILIPPI), p. 15, *Josephella kühni* W. J. SCHMIDT, p. 8, *Josephella kühni simplicissima* W. J. SCHMIDT, p. 8, *Polydora ciliata* (JOHNSTON), p. 40, *Polydora hoplura* CLAPARÈDE, p. 40, *Protula protensa* (LINNAEUS), p. 11, *Protula protensa tortoniana* (ROVERETO), p. 12, *Serpula lacera* REUSS, p. 26, *Serpula reussi* ROVERETO, p. 28, *Serpula sexta* W. J. SCHMIDT, p. 28, *Serpula subpacta* ROVERETO, p. 29.
Gamlitz, Stmk.: Torton: *Pomatostegus comatus* (ROVERETO), p. 20, *Serpula subpacta* ROVERETO, p. 29.
Gleichenberg, Stmk.: Sarmat: *Lanice* sp., p. 42.
Gmunden (Reinthal), OÖ.: Mitteleozän: *Rotularia spirulaea* (LAMARCK), p. 35.
Gosaukamm, OÖ.: Rhät: *Microtubus communis* E. FLÜGEL, p. 17.
Greifenstein, NÖ.: Eozän: *Arenicola* sp., p. 6, *Serpula gundavaënsis* ARCHIAC, p. 25.
Grieskirchen, OÖ.: Pliozän?: *Hydroides pectinata* (PHILIPPI), p. 15.
Grimming (Grimmingtor), Stmk.: Rhät: *Microtubus communis* E. FLÜGEL, p. 17.
Grimmingtor am Grimming, Stmk.: Rhät: *Microtubus communis* E. FLÜGEL, p. 17.
Grinzing, Wien: Torton: *Ditrupa cornea* (LINNAEUS), p. 13, *Hydroides pectinata* (PHILIPPI), p. 15, *Josephella kühni* W. J. SCHMIDT, p. 8, *Josephella kühni simplicissima* W. J. SCHMIDT, p. 8, *Pomatoceros triqueter* (LINNAEUS), p. 19, *Protula canavarii* ROVERETO, p. 9, *Protula intestinum* (LAMARCK), p. 10, *Protula protensa* (LINNAEUS), p. 11, *Protula protensa tortoniana* (ROVERETO), p. 12, *Serpula sexta* W. J. SCHMIDT, p. 28, *Serpula subpacta* ROVERETO, p. 29, *Serpula traversa* W. J. SCHMIDT, p. 30, *Vermilia manicata* (REUSS), p. 31.
Großgmain (Elendgraben), Sbg.: Mitteleozän: *Protula vincenti* ROVERETO, p. 12, *Rotularia spirulaea* (LAMARCK), p. 35.
Großraming (Pechgraben), OÖ.: Lias: *Serpula aff. filaria* GOLDFUSS, p. 23.
Grünau (Scharnstein), OÖ.: Mitteleozän: *Rotularia spirulaea* (LAMARCK), p. 35.
Grünbach, NÖ.: Eozän: *Taonurus* sp., p. 41.
Grund, NÖ.: Helvet: *Protula intestinum grundica* W. J. SCHMIDT, p. 10.
Gschliefgraben, OÖ.: Mitteleozän: *Rotularia spirulaea* (LAMARCK), p. 34.
Gußwerk (Sauwand), Stmk.: Rhät: *Microtubus communis* E. FLÜGEL, p. 17.
Gütlbauer bei Oberweis, OÖ.: Eozän: *Rotularia spirulaea* (LAMARCK), p. 34.
Guttaring, Kärnten: Untereozän bis Mitteleozän: *Serpula gundavaënsis* ARCHIAC, p. 25.
Guttaring (Sittenberg), Kärnten: Oberes Untereozän: *Rotularia pseudospirulaea* (OPPENHEIM), p. 34, *Rotularia spirulaea* (LAMARCK), p. 34.
Guttaring (Sonnberg), Kärnten: Oberes Untereozän: *Rotularia leptostoma* (GABB), p. 33, *Rotularia spirulaea* (LAMARCK), p. 34, *Serpula spirographis* GOLDFUSS, p. 29.

Haidhof, NÖ.: Mitteleozän: *Protula extensa* (SOLANDER), p. 9.
Hall Bad Bohrung, OÖ.: Mitteleozän: *Protula vincenti* ROVERETO, p. 12.
Hallein (Kirchenbruch in Adnet), Sbg.: Oberrhät: *Microtubus communis* E. FLÜGEL, p. 17.
Hallein (Rötelwand), Sbg.: Oberrhät: *Microtubus communis* E. FLÜGEL, p. 17.
Hallstatt (Hierlatzberg), OÖ.: Lias: *Serpula hierlatzensis* STOLICZKA, p. 25.
Hartberg, Stmk.: Sarmat: *Hydroides pectinata* (PHILIPPI), p. 15.
Haselstauden bei Dornbirn, Vlbg.: Rupel?: *Protula extensa* (SOLANDER), p. 9.
Hernals, Wien: Sarmat: *Hydroides pectinata* (PHILIPPI), p. 15, *Spirorbis* (*Dexiospira*) *heliciformis* (EICHWALD), p. 36.
Hierlatzberg bei Hallstatt, OÖ.: Lias: *Serpula hierlatzensis* STOLICZKA, p. 25.
Hleunigmühle im Lavanttal, Kärnten: Torton: *Ditrupa cornea* (LINNAEUS), p. 13, *Ditrupa transsilvanica* MEZNERICS, p. 14.
Hochiß, Tirol: Oberrhät: *Microtubus communis* E. FLÜGEL, p. 17.
Hochkönig (Torsäule), Sbg.: Rhät: *Microtubus communis* E. FLÜGEL, p. 17.

Hofergraben, OÖ.: Senon: *Serpula socialis* GOLDFUSS, p. 28.
Hohenauer Wiese im Lainzer Tiergarten, Wien: Dogger: *Serpula gordialis* (SCHLOTHEIM), p. 24.
Hollabrunn (Immendorf), NÖ.: Torton: *Protula protensa tortoniana* (ROVERETO), p. 12.
Hollingsteinerberg bei Niederfellabrunn, NÖ.: Torton: *Hydroides pectinata* (PHILIPPI), p. 15. *Serpula discohelix subanfracta* ROVERETO, p. 22, *Vermilia quinquesignata* REUSS), p. 31.
Höllischgraben bei St. Anna, Stmk.: Sarmat: *Pectinaria* sp., p. 42.
Hornstein, Bgld.: Torton: *Ditrupa cornea* (LINNAEUS), p. 13, Sarmat: *Hydroides pectinata* (PHILIPPI), p. 15.
Hundsheim, NÖ.: Torton: *Pomatoceros triqueter* (LINNAEUS), p. 19.

Immendorf bei Hollabrunn, NÖ.: Torton: *Protula protensa tortoniana* (ROVERETO), p. 12.

Jungfernsprung bei Feistritz, Stmk.: Sarmat: *Hydroides pectinata* (PHILIPPI), p. 15.

Kalksburg, NÖ.: Torton: *Ditrupa cornea* (LINNAEUS), p. 13, *Josephella kühni* W. J. SCHMIDT, p. 8, *Josephella kühni simplicissima* W. J. SCHMIDT, p. 8, *Pomatoceros triqueter* (LINNAEUS), p. 19, *Protula protensa* (LINNAEUS), p. 11.
Kienberg, NÖ.: Torton: *Mercierella dubiosa* W. J. SCHMIDT, p. 16, *Mercierella roveretoi* W. J. SCHMIDT, p. 16, *Placostegus polymorphus* ROVERETO, p. 18, *Vermilia quinquesignata kienbergi* W. J. SCHMIDT, p. 32, *Vermiliopsis elegantula* (ROVERETO), p. 32.
Kirchenbruch in Adnet bei Hallein, Sbg.: Oberrhät: *Microtubus communis* E. FLÜGEL, p. 17.
Klapping bei St. Anna, Stmk.: Torton: *Hydroides pectinata* (PHILIPPI), p. 15.
Klein Hadersdorf (Mattner Sandgrube), NÖ.: Torton: *Hydroides pectinata* (PHILIPPI), p. 15, *Polydora hoplura* CLAPARÈDE, p. 40.
Klein Meiselsdorf, NÖ.: Torton: *Pomatoceros triqueter* (LINNAEUS), p. 19.
Klein St. Paul (Dobranberg), Kärnten: Untereozän bis Mitteleozän: *Protula vincenti* ROVERETO, p. 12.
Kleinkogel, Stmk.: Mitteleozän bis Obereozän: *Protula extensa* (SOLANDER), p. 9, Oberes Mitteleozän bis Unteres Obereozän: *Rotularia spirulaea* (LAMARCK), p. 35.
Kreuzschaller bei Preding, Stmk.: Torton: *Ditrupa cornea* (LINNAEUS), p. 13, *Ditrupa transsilvanica* MEZNERICS, p. 14.

Lainzer Tiergarten (Hohenauer Wiese), Wien: Dogger: *Serpula gordialis* (SCHLOTHEIM), p. 24.
Laufen (St. Pankraz), Sbg.: Mitteleozän: *Rotularia spirulaea* (LAMARCK), p. 34, Obereozän: *Rotularia clymenioides* (GUPPY), p. 33.
Liesing, Wien: Sarmat: *Spirorbis (Dexiospira) heliciformis* (EICHWALD), p. 36.
Loretto, Bgld.: Torton: *Hydroides pectinata* (PHILIPPI), p. 15, *Josephella kühni* W. J. SCHMIDT, p. 8, *Josephella kühni simplicissima* W. J. SCHMIDT, p. 8, *Mercierella dubiosa* W. J. SCHMIDT, p. 16, Sarmat: *Hydroides pectinata* (PHILIPPI), p. 15.

Maiersdorf bei Grünbach, NÖ.: Eozän: *Taonurus* sp. p. 41.
Mannersdorf, NÖ.: Torton: *Hydroides pectinata* (PHILIPPI), p. 15, *Mercierella dubiosa* W. J. SCHMIDT, p. 16.
Maria Enzersdorf, NÖ.: Torton: *Protula intestinum* (LAMARCK), p. 10.
Mattner Sandgrube bei Klein Hadersdorf, NÖ: Torton: *Hydroides pectinata* (PHILIPPI), p. 15, *Polydora hoplura* CLAPARÈDE, p. 40.

Mattsee, Sbg.: Mitteleozän: *Protula extensa* (SOLANDER), p. 9, *Rotularia leptostoma* (GABB), p. 33, *Rotularia spirulaea* (LAMARCK), p. 35.
Matzen, NÖ.: Torton: *Hydroides pectinata* (PHILIPPI), p. 15.
Melk, NÖ.: Oberroligozän: *Arenicola* sp., p. 6.
Mold (Eichberg), NÖ.: Burdigal: *Ditrupa moldica* W. J. SCHMIDT, p. 14.
Möllersdorf, NÖ.: Torton: *Ditrupa cornea* (LINNAEUS), p. 13, *Protula canavarii* ROVERETO, p. 9, *Protula protensa tortoniana* (ROVERETO), p. 12, *Protula simplex* (LEA), p. 12, *Serpula fastigiata* EICHWALD, p. 22.
Mühlberg bei Purkersdorf, NÖ.: Oberkreide: *Taonurus* sp., p. 41.
Mühldorf im Lavanttal, Kärnten: Torton: *Ditrupa cornea* (LINNAEUS), p. 13, *Ditrupa transsilvanica* MEZNERICS, p. 14, *Hydroides pectinata* (PHILIPPI), p. 15, *Protula isseli* ROVERETO, p. 11, *Spirorbis (Laeospira) declivis* (REUSS), p. 38, *Spirorbis (Laeospira) spirorbis* (LINNAEUS), p. 38, *Spirorbis (Laeospira) umbiliciformis* (GOLDFUSS), p. 39, Sarmat: *Spirorbis (Dexiospira) bilineatus* W. J. SCHMIDT, p. 35, *Spirorbis (Dexiospira) heliciformis* (EICHWALD), p. 36.

Neuhauser Graben bei Waidhofen an der Ybbs, NÖ.: Unteres bis Mittleres Bathon: *Serpula flaccida* GOLDFUSS, p. 23, *Serpula socialis* GOLDFUSS, p. 28.
Neulerchenfeld, Wien: Sarmat: *Spirorbis (Dexiospira) bilineatus* W. J. SCHMIDT, p. 35, *Spirorbis (Dexiospira) commutatus* (ROVERETO), p. 36, *Spirorbis (Dexiospira) heliciformis* (EICHWALD), p. 36.
Niederfellabrunn (Hollingsteinerberg), NÖ.: Torton: *Hydroides pectinata* (PHILIPPI), p. 15, *Serpula discohelix subanfracta* ROVERETO, p. 22, *Vermilia quinquesignata* (REUSS), p. 31.
Niederleis, NÖ.: Helvet? Torton: *Serpula trinodosa* W. J. SCHMIDT, p. 30, Torton: *Polydora ciliata* (JOHNSTON), p. 40, *Polydora hoplura* CLAPARÈDE, p. 40.
Nodendorf, NÖ.: Torton: *Polydora hoplura* CLAPARÈDE, p. 40.
Nötsch (Torgraben), Kärnten: Höheres Unterkarbon: *Josephella carinthiaca* W. J. SCHMIDT, p. 7.
Nußdorf, Wien: Torton: *Ditrupa cornea* (LINNAEUS), p. 13, *Ditrupa transsilvanica* MEZNERICS, p. 14, *Josephella kühni* W. J. SCHMIDT, p. 8, *Josephella kühni simplicissima* W. J. SCHMIDT, p. 8, *Pomatoceros dentatus* W. J. SCHMIDT, p. 19, *Protula protensa* (LINNAEUS), p. 11, *Serpula curvata* W. J. SCHMIDT, p. 21, *Serpula discohelix subanfracta* ROVERETO, p. 22, *Serpula fuchsii* ROVERETO, p. 24, *Serpula subpacta* ROVERETO, p. 29, *Spirorbis (Laeospira) declivis* (REUSS), p. 38.

Oberradkersburg (Rothenthurm), Stmk.: Torton: *Serpula curvata* W. J. SCHMIDT, p. 21.
Oberweis (Gütlbauer), OÖ.: Eozän: *Rotularia spirulaea* (LAMARCK), p. 34.
Ödes Kloster bei Bruck an der Leitha, NÖ.: Sarmat: *Lanice* sp., p. 42.
Oedlhaus im Tennengebirge, Sbg.: Rhät: *Microtubus communis* E. FLÜGEL, p. 17.
Ohlsdorf, OÖ.: Mitteleozän: *Rotularia spirulaea* (LAMARCK), p. 35.
Oslip, Bgld.: Torton: *Ditrupa cornea* (LINNAEUS), p. 13, *Mercierella dubiosa* W. J. SCHMIDT, p. 16, *Pomatoceros dentatus* W. J. SCHMIDT, p. 19, *Serpula subpacta* ROVERETO, p. 29.
Paasdorf, NÖ.: Sarmat: *Spirorbis (Dexiospira) commutatus* (ROVERETO), p. 36, *Spirorbis (Dexiospira) heliciformis* (EICHWALD), p. 36.
Pechgraben bei Großraming, OÖ.: Lias: *Serpula aff. filaria* GOLDFUSS, p. 23.
Perchtoldsdorf, NÖ.: Torton: *Protula canavarii* ROVERETO, p. 9, *Protula protensa tortoniana* (ROVERETO), p. 12.
Perwang Bohrung, OÖ.: Obereozän: *Rotularia spirulaea* (LAMARCK), p. 35.

Petronell, NÖ.: Torton: *Hydroides pectinata* (PHILIPPI), p. 15, *Protula canavarii* ROVERETO, p. 9, Sarmat: *Hydroides pectinata* (PHILIPPI), p. 15.
Pfaffenberg, NÖ.: Torton: *Pomatoceros triqueter* (LINNAEUS), p. 19, Sarmat: *Hydroides pectinata* (PHILIPPI), p. 15.
Pfaffstätten, NÖ.: Torton: *Protula protensa* (LINNAEUS), p. 11, *Spirorbis (Laeospira) spirorbis* (LINNAEUS), p. 38.
Piesting, NÖ.: Torton: *Protula intestinum* (LAMARCK), p. 10.
Pirawarth, NÖ.: Sarmat: *Spirorbis (Dexiospira) heliciformis* (EICHWALD), p. 36.
Pötzleinsdorf, Wien: Torton: *Polydora ciliata* (JOHNSTON), p. 40, Sarmat: *Spirorbis (Dexiospira) bilineatus* W. J. SCHMIDT, p. 35, *Spirorbis (Dexiospira) heliciformis* (EICHWALD), p. 36, *Spirorbis (Laeospira) spirorbis* (LINNAEUS), p. 38.
Poysdorf, NÖ.: Helvet? Torton: *Serpula discohelix* SEGUENZA, p. 21.
Preding (Kreuzschaller), Stmk.: Torton: *Ditrupa cornea* (LINNAEUS), p. 13, *Ditrupa transsilvanica* MEZNERICS, p. 14.
Purkersdorf (Baunzen), NÖ.: Eozän: *Polydora ciliata* (JOHNSTON), p. 40.
Purkersdorf (Mühlberg), NÖ.: Oberkreide: *Taonurus* sp., p. 41.

Radstadt, Sbg.: Mitteleozän: *Protula vincenti* ROVERETO, p. 12.
Rauchstallbrunngraben, NÖ.: Torton: *Arenicola* sp., p. 6, *Hydroides pectinata* (PHILIPPI), p. 15, *Pomatoceros triqueter* (LINNAEUS), p. 19, *Protula isseli* ROVERETO, p. 11.
Reingruberhöhe bei Bruderndorf, NÖ.: Eozän: *Rotularia spirulaea* (LAMARCK), p. 34, *Serpula hortensis* (OPPENHEIM), p. 26.
Reichprechtspölla, NÖ.: Burdigal: *Protula simplex* (LEA), p. 12.
Reinthal bei Gmunden, OÖ.: Mitteleozän: *Rotularia spirulaea* (LAMARCK), p. 35.
Ritzing, Bgld.: Sarmat: *Spirorbis (Dexiospira) heliciformis* (EICHWALD), p. 36.
Rofan, Tirol: Oberrhät: *Microtubus communis* E. FLÜGEL, p. 17.
Rosenberg bei Tischen, Stmk.: Sarmat: *Lanice* sp., p. 42.
Rötelwand bei Hallein, Sbg.: Oberrhät: *Microtubus communis* E. FLÜGEL, p. 17.
Rothenthurm bei Oberradkersburg, Stmk.: Torton: *Serpula curvata* W. J. SCHMIDT, p. 21.

St. Anna, Stmk.: Torton: *Hydroides pectinata* (PHILIPPI), p. 15.
St. Anna (Höllischgraben), Stmk.: Sarmat: *Pectinaria* sp., p. 42.
St. Anna (Klapping), Stmk.: Torton: *Hydroides pectinata* (PHILIPPI), p. 15.
St. Georgen an der Preßnitz, Kärnten: Torton: *Hydroides pectinata* (PHILIPPI), p. 15.
St. Margarethen, Bgld.: Torton: *Ditrupa cornea* (LINNAEUS), p. 13, *Ditrupa transsilvanica* MEZNERICS, p. 14, *Josephella angulatella* W. J. SCHMIDT, p. 7, *Josephella kühni* W. J. SCHMIDT, p. 8, *Josephella kühni simplicissima* W. J. SCHMIDT, p. 8, *Mercierella dubiosa* W. J. SCHMIDT, p. 16, *Pomatoceros dentatus* W. J. SCHMIDT, p. 19, *Serpula discohelix subanfracta* ROVERETO, p. 22, *Serpula lacera* REUSS, p. 26, *Serpula subpacta* ROVERETO, p. 29.
St. Margarethen am Bruchkogel, Stmk.: Torton: *Serpula subpacta* ROVERETO, p. 29.
St. Pankraz bei Laufen, Sbg.: Mitteleozän: *Rotularia spirulaea* (LAMARCK), p. 34, Obereozän: *Rotularia clymenioides* (GUPPY), p. 33.
St. Stefan im Lavanttal Bohrungen, Kärnten: Torton: *Serpula lacera* REUSS, p. 26.
Sauwand bei Gußwerk, Stmk.: Rhät: *Microtubus communis* E. FLÜGEL, p. 17.
Scharnstein bei Grünau, OÖ.: Mitteleozän: *Rotularia spirulaea* (LAMARCK), p. 35.
Schleißheim bei Wels, OÖ.: Helvet: *Arthrophycus* sp., p. 42.
Schneckengraben, Sbg.: Rhät: *Microtubus communis* E. FLÜGEL, p. 17.
Schwarzach (Schwarzachtobel), Vlbg.: Rupel?: *Protula vincenti* ROVERETO, p. 12.
Schwarzachtobel bei Schwarzach, Vlbg.: Rupel?: *Protula vincenti* ROVERETO, p. 12.
Sievering, Wien: Torton: *Ditrupa cornea* (LINNAEUS), p. 13.

Sittenberg bei Guttaring, Kärnten: Oberes Untereozän: *Rotularia pseudospirulaea* (OPPENHEIM), p. 34, *Rotularia spirulaea* (LAMARCK), p. 34.
Sonnberg bei Guttaring, Kärnten: Oberes Untereozän: *Rotularia leptostoma* (GABB), p. 33. *Rotularia spirulaea* (LAMARCK), p. 34, *Serpula spirographis* (GOLDFUSS), p. 29.
Sonnwendgebirge, Tirol: Oberrhät: *Microtubus communis* E. FLÜGEL, p. 17.
Spielfeld, Stmk.: Torton: *Hydroides pectinata* (PHILIPPI), p. 15.
Spitzerberg, NÖ.: Sarmat: *Hydroides pectinata* (PHILIPPI), p. 15.
Steinabrunn, NÖ.: Torton: *Ditrupa cornea* (LINNAEUS), p. 13, *Ditrupa transsilvanica* MEZNERICS, p. 14, *Josephella angulatella* W. J. SCHMIDT, p. 7, *Josephella kühni* W. J. SCHMIDT, p. 8, *Josephella kühni simplicissima* W. J. SCHMIDT, p. 8, *Pomatoceros triqueter* (LINNAEUS), p. 19, *Protula canavarii* ROVERETO, p. 9, *Serpula quinquenodosa* W. J. SCHMIDT, p. 27, *Serpula sexta* W. J. SCHMIDT, p. 28.
Steinplatte bei Waidring, Tirol: Oberrhät: *Microtubus communis* E. FLÜGEL, p. 17.
Steinriesen, OÖ.: Rhät: *Microtubus communis* E. FLÜGEL, p. 17.
Stetten, NÖ.: Helvet: *Polydora ciliata* (JOHNSTON), p. 40, *Polydora hoplura* CLAPARÈDE, p. 40.
Stockerbaueralm, Stmk.: Rhät: *Microtubus communis* E. FLÜGEL, p. 17.
Tennengebirge (Oedlhaus), Sbg.: Rhät: *Microtubus communis* E. FLÜGEL, p. 17.
Tischen (Rosenberg), Stmk.: Sarmat: *Lanice* sp., p. 42.
Torer Wand bei Dalfaz, Tirol: Oberrhät: *Microtubus communis* E. FLÜGEL, p. 17.
Torgraben bei Nötsch, Kärnten: Höheres Unterkarbon: *Josephella carinthiaca* W. J. SCHMIDT, p. 7.
Torsäule am Hochkönig, Sbg.: Rhät: *Microtubus communis* E. FLÜGEL, p. 17.
Tullnerbach, NÖ.: Eozän: *Taonurus* sp., p. 41.
Vöslau, NÖ.: Torton: *Polydora ciliata* (JOHNSTON), p. 40, *Polydora hoplura* CLAPARÈDE, p. 40, *Spirorbis (Laeospira) umbiliciformis* (GOLDFUSS), p. 39, Sarmat: *Spirorbis (Dexiospira) heliciformis* (EICHWALD), p. 36, *Spirorbis (Laeospira) spirorbis* (LINNAEUS), p. 38.
Waidhofen an der Ybbs, NÖ.: Dogger ε: *Serpula gordialis* (SCHLOTHEIM), p. 24.
Waidhofen an der Ybbs (Neuhauser Graben), NÖ.: Unteres bis Mittleres Bathon: *Serpula flaccida* GOLDFUSS, p. 23, *Serpula socialis* GOLDFUSS, p. 28.
Waidring (Steinplatte), Tirol: Oberrhät: *Microtubus communis* E. FLÜGEL, p. 17.
Walbersdorf, Bgld.: Torton: *Hydroides pectinata* (PHILIPPI), p. 15.
Waldhof bei Wetzelsdorf, NÖ.: Sarmat: *Lanice* sp., p. 42.
Waschberg, NÖ.: Eozän: *Serpula maeandrica* W. J. SCHMIDT, p. 27.
Wetzelsdorf (Waldhof), NÖ.: Sarmat: *Lanice* sp., p. 42.
Wiesen, Bgld.: Sarmat: *Spirorbis (Dexiospira) heliciformis* (EICHWALD), p. 36, *Spirorbis (Laeospira) spirorbis* (LINNAEUS), p. 38.
Wildon, Stmk.: Torton: *Serpula discohelix subanfracta* ROVERETO, p. 22, *Serpula subpacta* ROVERETO, p. 29.
Wolfsthal, NÖ.: Sarmat: *Hydroides pectinata* (PHILIPPI), p. 15.

Literaturverzeichnis

ABEL, O.: Vorzeitliche Lebensspuren. — Jena 1935.
ALESSANDRI, G.: La pietra di cantoni. — Mem. Soc. Ital. Sc. Nat., *6*, Milano 1897.
ARCHIAC, A. & HAIME, J.: Description des animaux fossiles du groupe nummulitique de l'Inde. — Paris 1853.

BERKELEY, J. M.: Observations upon the *Dentalium subulatum*. — Zool. Journ., *5*, London 1832.
BOSC, L. A. G.: Histoire naturelle des vers. — Paris 1802.
BRANDER, G.: Fossilia Hantoniensia collecta et in Musaeo Britannico deposita. — London 1766.
BRONN, H. G.: Notizen über das Vorkommen der Tegelformation und ihrer Fossilreste in Siebenbürgen und Galizien nach den von Geheimrat J. v. HAUER erhaltenen Mitteilungen. — N. Jb. Min. Geogn. Geol. Petrefaktenk., Stuttgart 1837.

CAULLERY, M. & MESNIL, F.: Sur deux Serpuliens nouveaux. — Zool. Anz., *19*, Leipzig 1896.
— Sur les Spirorbes. — C. R. Acad. Sc. Paris, *124*, Paris 1897.
CHAMBERLIN, R. V.: The *Annelida Polychaeta*. — Rep. Sc. Res. Exped. U. S. Fish. St. Albatross., Mem. Mus. Comp. Zool. Harvard, *48*, Cambridge 1919.
CHAPUIS, M. F. & DEWALQUE, M. G.: Description des fossiles des Terrains Secondaires de la Province de Luxembourg. — Bruxelles 1853.
CLAPARÈDE, E.: Annélides Chétopodes du Golfe du Naples. — Mém. Soc. Phys. Hist. Nat. Genève, *20*, Genève 1870.

DAUDIN, F. M.: Recueil de mémoires et de notes sur des espèces inédites ou peu connues de Mollusques, de Vers et de Zoophytes. — Paris 1800.
DEFRANCE, D. F.: Dictionnaire des Sciences Naturelles. — Paris 1827.
DRAGASTAN, O.: A new Serpulid species in the Upper Jurassic of Rumania. — Paläont. Zsch., *40*, Stuttgart 1966.

EICHWALD, K. E.: Naturhistorische Skizze von Lithauen, Volhynien und Podolien in geognostisch-mineralogischer, botanischer und zoologischer Hinsicht entworfen. — Wilna 1830.
— Lethaea Rossica. — Stuttgart 1853.

FAUVEL, P.: Sur un nouveau Serpulien d'eau soumâtre, *Mercierella* n. g. *enigmatica* n. sp. — Bull. Soc. Zool. France, *48*, Paris 1923.
FISCHER-OOSTER, C.: Die fossilen Fucoiden der Schweizer Alpen. — Bern 1858.
FLÜGEL, E.: Untersuchungen im obertriadischen Riff des Gosaukammes (Dachsteingebiet, Oberösterreich). II. Untersuchungen über die Fauna und Flora des Dachsteinriffkalkes der Donnerkogel-Gruppe. — Verh. Geol. Bundesanst., Wien 1960.
— Vorläufiger Bericht über den Fossilinhalt der Sauwand (Ober-Trias) bei Gußwerk, Steiermark. — Mitt. Naturw. Ver. Steiermark, *91*, Graz 1961.
— Mikroproblematica aus den rhätischen Riffkalken der Nordalpen. — Paläont. Zsch., *38*, Stuttgart 1964.
FLÜGEL, E. & FLÜGEL-KAHLER, E.: Mikrofazielle und geochemische Gliederung eines obertriadischen Riffes der nördlichen Kalkalpen (Sauwand bei Gußwerk, Steiermark, Österreich). — Mitt. Mus. Bergb., Geol., Techn., Landesmus. Joanneum, *24*, Graz 1963.
FUCHS, T.: Geologische Studien in den Tertiärbildungen des Wiener Beckens. Nr. III. Die Tertiär-Ablagerungen in der Umgebung von Preßburg und Hainburg. — Jahrb. Geol. Reichsanst., *18*, Wien 1868.
FUGGER, E.: Die oberösterreichischen Voralpen zwischen Irrsee und Traunsee. — Jahrb. Geol. Reichsanst., *53*, Wien 1904.

GABB, W. M.: Descriptions of new species of American Tertiary and Cretaceous fossils. — Journ. Acad. Nat. Sc. Philadelphia, (2), *4*, Philadelphia 1860.
GOLDFUSS, A.: Petrefacta Germaniae. — Düsseldorf 1826.
GRUBE, E.: Die Familie der Anneliden mit Angabe ihrer Gattungen und Arten. — Arch. Naturgesch., *17*, Berlin 1851.
GUNNERUS, J.: K. Norsk. Vid. Selskr. Skrift., *4*, Thronedhjem 1768.
GUPPY, R. J. L.: On the relations of the Tertiary Formations of the West Indies. — Quart. Journ. Geol. Soc. London, *22*, London 1866.

HALL, J.: Paleontology of New York. 2. — Albany 1852
HÄNTZSCHEL, W.: Vestigia Invertebratorum et Problematica. — Fossilium Catalogus, I: Animalia 108, s'Gravenhage 1965.
HARTMANN-SCHRÖDER, G.: Zur Morphologie, Ökologie und Biologie von *Mercierella enigmatica* (Serpulidae, Polychaeta) und ihrer Röhre. — Zoolog. Anz., *179*, Leipzig 1967.
HAUER, F.: Ueber die Eocengebilde im Erzherzogthume Oesterreich und in Salzburg. — Jahrb. Geol. Reichsanst., *9*, Wien 1858.
HAUER, J. siehe BRONN, H. G., 1837.
HEMPELMANN, F.: *Polychaeta* in W. KÜKENTHAL: Handbuch der Zoologie, 2, Berlin 1934.
— *Polychaeta* in H. G. BRONN: Klassen und Ordnungen des Tierreichs, 4, Leipzig 1937.
HILBER, V.: Die Miocaenablagerungen um das Schiefergebirge zwischen den Flüssen Kainach und Sulm in der Steiermark. — Jahrb. Geol. Reichsanst., *28*, Wien 1878.
HISINGER, W.: Lethaea Svecica. — Holmiae 1837.
— Anteckningar i Physik och Geognosie under resor uti Sverige och Norrige. — Stockholm 1831 (G. REGNÉLL brieflich).
HÖRNES, M.: Verzeichnis der Fossilreste des Tertiär-Beckens von Wien in CZIZEK, J.: Erläuterungen zur geognostischen Karte der Umgebung Wiens. — Wien 1848.
— Die fossilen Mollusken des Tertiär-Beckens von Wien. — Abhandl. Geol. Reichsanst., *3*, Wien 1856.
— Tertiär Studien. — Jahrb. Geol. Reichsanst., *24*, Wien 1874.
JOHNSTON, G.: British Annelids. — Mag. Nat. Hist., *11*, London 1838 (unklares Zitat aus G. JOHNSTON 1865).
— A Catalogue of the British Non-Parasitical Worms in the Collection of the British Museum. — London 1865.
KÜHN, O.: Neue Untersuchungen über die Dänische Stufe in Österreich. — Rep. Int. Geol. Congr., 21 Sess. Norden, *5*, Copenhagen 1960.
KÜHN, O. & SCHAFFER, H.: Ein neues Sarmatvorkommen in Wien XVII. — Anz. math. naturw. Kl. Österr. Akad. Wiss., *97*, Wien 1960.
KUNZ, B. W. L.: Die Fauna der Neuhauser Schichten von Waidhofen/Ybbs, N.Ö. (Dogger, Klippenzone). — Sitz. Ber. Österr. Akad. Wiss., math. naturw. Kl., Abt. I, *173*, Wien 1964.
LAMARCK, J. B.: Systême des animaux sans vertèbres. — Paris 1801.
— Philosophie zoologique. — Paris 1809.
— Histoire naturelle des animaux sans vertèbres. — Paris 1818.
LEA, I.: Contributions to Geology. — Philadelphia 1833.
LINDSTRÖM, G.: List of the fossil faunas of Sweden. II. Upper Silurian. — Stockholm 1888.
LINNAEUS, C.: Systema naturae. Regnum animale. — Holmiae 1735 u. f.
LUNDGREN, B.: Studier öfver fossilförande lösa block. — Förhandl. Geol. Fören. Stockholm, *13*, Stockholm 1891.
MALMGREN, A. F.: Nordiska Hafs Annulater. — Öfv. K. Svenska Vetensk. Förh., n. F., *3*, Stockholm 1866.
MEZNERICS, I.: Ditrupa-Reste aus Ungarn. — Annal. Hist. Nat. Mus. Nat. Hung., Min. Geol. Paläont., *37*, Budapest 1944.
NEAVE, S. A.: Nomenclator Zoologicus. — London 1939.
NIELSEN, K. B.: *Serpulidae* from the Senonian and Danian Deposits of Danmark. — Medd. Dansk. Geol. Foren., *8*, Copenhagen 1931.
OHLEN, H. R.: The Steinplatte Reef Complex of the Alpine Triassic (Rhaetian) of Austria. — Diss. Univ. Princeton, Princeton 1959.
OPPENHEIM, P.: Über einige alttertiäre Faunen der österreichisch-ungarischen Monarchie. — Beitr. Paläont. Geol. Österr. Ung. Orient, *13*, Wien 1901.
PAPP, A.: Untersuchungen an der sarmatischen Fauna von Wiesen. — Jahrb. Geol. Bundesanst., *89*, Wien 1939.
— Agglutinierende Polychaeten aus dem Oberen Miozän. — Palaeobiol., *7*, Wien 1941.
— Über Lebensspuren aus dem Jungtertiär des Wiener Beckens. — Sitz. Ber. Österr. Akad. Wiss., math. naturw. Kl., Abt. I, *158*, Wien 1949.

PHILIPPI, R. A.: Einige Bermerkungen über die Gattung *Serpula*. — Arch. Naturgesch., *10*, Berlin 1844.

QUATREFAGES, A.: Histoire Naturelle des Annelés marins et d'eau douce. — Paris 1865.

REUSS, A. E.: Die marinen Tertiärschichten Böhmens und ihre Versteinerungen. — Sitz. Ber. Öster. Akad. Wiss., math. naturw. Kl., Abt. I, *39*,Wien 1860.

RIOJA, E.: Anelidos Poliquetos de San Vicente de la Barquera (Cantabrico). — Trab. Mus. Nac. Cien. Nat., Ser. Zool., *53*, Madrid 1925.

RISSO, A.: Histoire naturelle des principales productions de l'Europe méridionale. — Paris 1826.

ROLLE, F.: Die tertiären und diluvialen Ablagerungen in der Gegend zwischen Gratz, Köflach, Schwanberg und Ehrenhausen in der Steiermark. — Jahrb. Geol. Reichsanst., *7*, Wien 1856.

ROVERETO, G.: Di alcuni anellidi del terziario in Austria. — Att. Soc. Lig. Sc. Nat. Geogr., *6*, Genova 1895.

— *Serpulidae* del Terziario e del Quaternario in Italia. — Palaeont. Ital., *4*, Pisa 1898.

— Anellidi del terziario. — Rivist. Ital. Palaeont., *9*, Bologna 1903.

— Studi monografici sugli Anellidi fossili. I. Terziario. — Palaeont. Ital., *10*, Pisa 1904.

SAINT-JOSEPH, B.: Les Annélides Polychètes des Côtes de Dinard. — Annal. Sc. Nat. Zool., (7), *17*, Paris 1894.

SAPORTA, G.: Les organismes problématiques des anciennes mers. — Paris 1884.

SAVIGNY, J.: Annélides Serpulés. — Paris 1820.

SCHAFFER, F. X.: Lehrbuch der Geologie. I. Teil. Allgemeine Geologie. — Wien 1922.

SCHLOTHEIM, E. F.: Die Petrefactenkunde. — Gotha 1820.

SCHMARDA, L.: Neue wirbellose Tiere. — Leipzig 1861.

SCHMIDT, W. J.: Neue *Serpula*-Arten aus dem Material des Naturhistorischen Museums in Wien. — Annal. Naturhist. Mus. Wien, *57*, Wien 1950.

— Neue *Serpulidae* aus dem tertiären Wiener Becken. — Annal. Naturhist. Mus. Wien, *58*, 1951a.

— Die Unterscheidung der Röhren von *Scaphopoda*, *Vermetidae* und *Serpulidae* mittels mikroskopischer Methoden. — Mikroskopie, *6*, Wien 1951b.

— Eine verkieselte Kolonie von *Hydroides pectinata* PHILIPPI. — Jahrb. Oberösterr. Musealver., *99*, Linz/Donau 1954a.

— Wurmröhren aus dem Lavanttaler Tertiär. — Anz. math. naturw. Kl. Österr. Akad. Wiss., *91*, Wien 1954b.

— Die Tertiären Würmer Österreichs. — Denkschr. Österr. Akad. Wiss., math. Naturw. Kl., *109*, Wien 1955a.

— Der stratigraphische Wert der *Serpulidae* im Tertiär. — Paläont. Zsch., *29*, Stuttgart 1955b.

— Nomenklatur und Systematik der Serpuliden-Gattung *Rotularia* DEFRANCE (=*Tubulostium* STOLISZKA). — Mitt. Geol. Ges. Wien, *47*, Wien 1955c.

— Karbone Wurmröhren aus Kärnten. — Carinthia II, *145*, Klagenfurt 1955d.

— Neue *Serpulidae*-Funde in Österreich. — Anz. math. naturw. Kl. Österr. Akad. Wiss., *105*, Wien 1968.

SEGUENZA, G.: Formazioni terziarie nella provinzia di Reggio (Calabria). — Mem. Cl. Fis. Mat. Nat., Reale Accad. Linc., (3), *6*, Roma 1880.

SIEBER, R.: Eozäne und oligozäne Makrofaunen Österreichs. — Sitz. Ber. Österr. Akad. Wiss., math. naturw. Kl., Abt. I, *162*, Wien 1953.

SPENGLER, E.: Die Gebirgsgruppe des Plassen und Hallstädter Salzberges im Salzkammergut. — Jahrb. Geol. Reichsanst., *68*, Wien 1919.

STOLICZKA, F.: Über die Gastropoden und Acephalen der Hierlatzschichten. — Sitz. Ber. Österr. Akad. Wiss., math. naturw. Kl., Abt. I, *43*, Wien 1861.

STUR, D.: Die marine Stufe des Wiener Beckens. — Jahrb. Geol. Reichsanst., *20*, Wien 1870.

TAUBER, A. F.: Über praemortalen Befall von rezenten und fossilen Molluskenschalen durch tubicole Polychaeten. — Palaebiol., *8*, Wien 1944.

TOULA, F.: Ein neues Vorkommen von sarmatischem Bryozoën- und Serpulen-Kalk bei Hundsheim. — Verh. Geol. Reichsanst., *1878*, Wien 1878.

TRAUB, F.: Geologische und Paläontologische Bearbeitung der Kreide und des Tertiärs im östlichen Rupertiwinkel, nördlich von Salzburg. — Palaeontographica, *88*, Stuttgart 1938.

TRAUTH, F.: Die Grestener Schichten der österreichischen Voralpen und ihre Fauna. — Beitr. Paläont. Geol. Österr. Ung. Orient, *22*, Wien 1909.
— Das Eozänvorkommen bei Radstadt im Pongau und seine Beziehungen zu den gleichalterigen Ablagerungen bei Kirchberg am Wechsel und Wimpassing am Leithagebirge. — Denkschr. Österr. Akad. Wiss., math. naturw. Kl., *95*, Wien 1918.
— Über eine Doggerfauna aus dem Lainzer Tiergarten bei Wien. — Annal. Naturhist. Mus. Wien, *36*, Wien 1923.

MIX
Papier aus verantwortungsvollen Quellen
Paper from responsible sources
FSC® C105338

If you have any concerns about our products,
you can contact us on
ProductSafety@springernature.com

In case Publisher is established outside the EU,
the EU authorized representative is:
**Springer Nature Customer Service Center GmbH
Europaplatz 3, 69115 Heidelberg, Germany**

Printed by Libri Plureos GmbH
in Hamburg, Germany